新型职业农民培训系列教材

村级动物防疫员实用技术

● 商展榕　杨雪松　主编

中国农业科学技术出版社

图书在版编目（CIP）数据

村级动物防疫员实用技术／商展榕，杨雪松主编 .—北京：中国农业科学技术出版社，2014.6
（新型职业农民培训系列教材）
ISBN 978 - 7 - 5116 - 1663 - 0

Ⅰ.①村…　Ⅱ.①商…②杨…　Ⅲ.①兽疫 - 防疫 - 技术培训 - 教材　Ⅳ.①S851.3

中国版本图书馆 CIP 数据核字（2014）第 113686 号

| 责任编辑 | 徐　毅　张志花 |
| 责任校对 | 贾晓红 |

出 版 者	中国农业科学技术出版社
	北京市中关村南大街 12 号　邮编：100081
电　　话	（010）82106636（编辑室）　（010）82109702（发行部）
	（010）82109709（读者服务部）
传　　真	（010）82109708
网　　址	http://www.castp.cn
经 销 者	各地新华书店
印 刷 者	北京富泰印刷有限责任公司
开　　本	850mm ×1168mm　1/32
印　　张	9.375
字　　数	240 千字
版　　次	2014 年 6 月第 1 版　2015年9月第3次印刷
定　　价	28.00 元

新型职业农民培训系列教材

《村级动物防疫员实用技术》

编　委　会

主　任　闫树军

副主任　张长江　卢文生　石高升

主　编　商展榕　杨雪松

副主编　郑振平　房文蕊　张宝贵

编　者　王兴堂　王佳伟　王飒爽

　　　　冯妹玲　朱玉平　张　永

　　　　张争锋　武　盛　段晓军

序

　　我国正处在传统农业向现代农业转化的关键时期，大量先进的农业科学技术、农业设施装备、现代化经营理念越来越多地被引入到农业生产的各个领域，迫切需要高素质的职业农民。为了提高农民的科学文化素质，培养一批"懂技术、会种地、能经营"的真正的新型职业农民，为农业发展提供技术支撑，我们组织专家编写了这套《新型职业农民培训系列教材》丛书。

　　本套丛书的作者均是活跃在农业生产一线的专家和技术骨干，围绕大力培育新型职业农民，把多年的实践经验总结提炼出来，以满足农民朋友生产中的需求。图书重点介绍了各个产业的成熟技术、有推广前景的新技术及新型职业农民必备的基础知识。书中语言通俗易懂，技术深入浅出，实用性强，适合广大农民朋友、基层农技人员学习参考。

　　《新型职业农民培训系列教材》的出版发行，为农业图书家族增添了新成员，为农民朋友带来了丰富的精神食粮，我们也期待这套丛书中的先进实用技术得到最大范围的推广和应用，为新型职业农民的素质提升起到积极地促进作用。

2014 年 5 月

前　　言

　　村级动物防疫员队伍是我国动物疫病防控体系的基础，是重要防疫措施实施的主体力量，在保证我国动物卫生安全和畜禽产品质量安全方面起着非常重要的作用。为加强村级动物防疫员队伍建设，加快培养高技能基层动物防疫人才，我们以国家村级动物防疫员阳光工程培训活动为依托，以培养和造就有文化、晓科技、善管理、懂法律的新型村级动物防疫员为目的，紧紧围绕当地畜牧产业发展现状，结合动物防疫工作需要，按照《动物疫病防治员国家职业标准》的要求，针对村级动物防疫员职业特点，组织专家按照模块方式编写本教材。全书共七章三十一节，主要内容包括绪论、专业理论基础知识、专业技术与操作技能、动物检疫知识和技术、疫情巡查与报告、畜禽标识及养殖档案管理和动物防疫相关法律法规和规章等。本书注重知识性、实用性，突出易懂性、指导性，对村级动物防疫员的岗前和在岗培训都很适用。

　　本书借鉴了多位同行老师的论著资料，在此表示诚挚感谢。由于时间紧、水平有限，本书难免存在错误和不足，恳请广大读者和各位专家批评指正。

编　者
2014 年 5 月

目　　录

第一章 绪 论

畜牧业作为农村经济支柱产业和农民增收重要来源，其健康发展对于确保畜产品质量安全，统筹城乡发展，繁荣农村经济，建设社会主义新农村具有十分重要的意义。畜牧业效益在规模，成败在防疫，抓好动物防疫工作是关键。我国散养畜禽数量庞大的特点，决定了动物防疫工作重点在基层，难点也在基层。村级动物防疫员，作为动物防疫体系建设中最关键和基础的环节，作为预防和控制动物疫病发生、传播的第一道屏障，在动物防疫工作中起着十分重要的作用，其队伍建设的好坏，直接关系着动物防疫工作的质量。而日益严重的全球性动物疫病流行新趋势，对动物防疫人员的技术水平提出了更高要求。村级动物防疫员将面对更加复杂的新情况、新问题。因此，组织做好村级动物防疫员培训，强化村级动物防疫员技术水平，打造一支素质高、技术精、服务好的基层防疫队伍，是今后搞好动物疫病防控工作的有效途径和紧迫任务。农业部也为此专门印发了《关于加强村级动物防疫员队伍建设的意见》的通知，要求各地一定充分认识加强村级动物防疫员队伍建设的重要性，增强做好这项工作的责任感和紧迫感，采取有力措施，积极推进，不断提高防控重大动物疫病的能力和水平。

第一节　村级动物防疫员

一、村级动物防疫员概念

村级动物防疫员是指按规定条件和程序，选聘承担村级动物防疫任务的人员。村级动物防疫员一般由县级畜牧兽医主管部门审核批准，由乡镇动物防疫站管理使用。

二、村级动物防疫队伍建设意义

村级动物防疫员队伍是我国动物疫病防控体系的基础，是动物强制免疫、畜禽标识加挂、免疫档案建立和动物疫情报告等重要防疫措施实施的主体力量，在保证我国动物卫生安全和畜禽产品质量安全方面起着非常重要的作用。加强村级动物防疫员队伍建设，可以把动物防疫的网络延伸到基层，可以把动物防疫的意识强化到基层，可以把动物防疫的技术传授到基层，有利于禽流感、猪蓝耳病等重大动物疫情的早发现、早反应、早处置，有利于各项动物疫病防控措施的落实。

三、村级动物防疫员队伍建设原则

按照"因地制宜、按需设置、明确责任、择优选用、注重素质、创新机制"的原则，把村级动物防疫员队伍建设，纳入农村实用人才队伍建设和动物防疫体系建设整体规划，结合推进兽医管理体制改革和基层动物防疫体系建设，采取切实有效措施，努力建立起适应重大动物疫病防控工作需要的村级动物防疫员队伍。

四、村级动物防疫员从业规范

（一）工作职责

在乡镇动物防疫站的管理和指导下，在其所负责的区域内主要承担以下工作职责。

1. 协助做好动物防疫法律法规、方针政策和防疫知识宣传工作

认真宣传并贯彻执行《中华人民共和国动物防疫法》《重大动物疫情应急条例》等法律法规及上级主管部门对动物防疫的有关规定。

2. 负责本区域的动物免疫工作，并建立动物养殖和免疫档案

认真做好责任片区内常年性的动物免疫注射、佩戴免疫标识、填写并建立免疫档案，保证畜禽强制免疫密度和免疫质量。所使用的免疫疫苗应按规定向所在乡镇动物防疫站统一领购。

3. 负责对本区域的动物饲养及发病情况进行巡查，做好疫情观察和报告工作，协助开展疫情巡查、流行病学调查和消毒等防疫活动

具体负责责任片区内动物疫情报告、疫情普查，配合各级动物防疫机构做好动物疫病的预防、控制和扑灭工作。

4. 掌握责任片区内动物出栏、补栏情况，熟知责任片区的饲养环境，了解本地动物多发病、常见病，协助做好本区域的动物产地检疫及其他监管工作

具体负责如实统计责任片区内动物存栏数、免疫数以及动物发病和死亡等情况，并按规定的格式及时上报。

5. 参与重大动物疫情的防控和扑灭等应急工作

6. 做好当地政府和动物防疫机构安排的其他动物防疫工作任务

（二）职业道德

村级动物防疫员，在从事村级动物防疫工作中，应遵守社会主义职业道德的 5 项基本规范。

1. 爱岗敬业

爱岗敬业是社会主义职业道德的首要规范，是国家对从业人员职业行为的共同要求，是每个从业者应当遵守的共同的职业道德，是对从业者工作意志的一种普遍要求。社会主义新农村的村级防疫员，只有热爱自己的工作岗位，热爱本职工作，工作踏实敬业、认真负责、勇于开拓，才能真正做好动物防疫工作，才能成为一名合格的村级动物防疫员。

2. 诚实守信

诚实守信是中华民族的优良传统，也是一个人立于社会的基本准则。诚实守信要求在从事村级动物防疫工作中，要诚实劳动、信守承诺、讲究信用、说老实话、办老实事、做老实人、言行一致、襟怀坦荡。

3. 办事公道

办事公道是指对于人和事的一种态度，也是千百年来人们所称道的职业道德。它要求在从事村级动物防疫工作中要公正、公平。

4. 服务群众

服务群众既是职业道德要求的基本内容，又是从事职业活动的最终目的。作为村级动物防疫员，必须牢固树立全心全意为广大养殖场（户）服务的思想，只有做到尽职尽责地服务，才能保证村级动物防疫工作的顺利开展和防疫工作的成效。

5. 奉献社会

奉献社会是社会主义职业道德的本质特征；奉献社会就是在处理个人与国家、个人与集体、个人与他人关系时，自觉地把国家、集体、他人利益放在首位，工作中不计较个人名利，不计较个人得失，积极主动，踏踏实实，任劳任怨地工作。

（三）职业守则

1. 要掌握动物防疫相关的法律法规和管理办法

村级动物防疫员要认真学习《中华人民共和国动物防疫法》《动物疫情报告管理办法》《重大动物疫情应急条例》等法律法规，以及高致病性禽流感、口蹄疫、猪瘟等防治技术规范，并将法律法规和管理办法中有关要求应用到动物防疫工作中，做到知法、懂法、守法、宣传法。

2. 要认真学习动物防疫的技术技能

村级动物防疫员必须认真学习动物疫病防控技术技能，熟练掌握动物强制免疫、畜禽标识加挂、免疫档案建立和动物疫情报告等防疫措施的技术技能，能完成并胜任各项基础防控工作。

3. 要积极参加培训，不断提高动物疫病防控技术水平

村级动物防疫员要不断参加培训，掌握动物疫病防控的新技术、新要求和疫病流行的新特点，不断提高防控工作的能力和水平。

4. 要认真负责，有强烈的责任感

村级动物防疫员在基层防控工作中要吃苦耐劳、勤勤恳恳、尽职尽责、有强烈的责任感，做好基层防控工作。

五、村级动物防疫员的选聘和管理

（一）选拔聘用

村级动物防疫员要优先从现有乡村兽医中选聘。由于地域差异和防控工作现状，各地在选聘村级动物防疫员时做法不一，但基本上都是在专业理论考试的基础上，再经过综合考核后录用。农业部有关文件要求各地建立和完善村级动物防疫员选用制度，要按照公开、平等、竞争、择优的原则，严格掌握选用条件，严格选用程序，严把进人关，并要与村级动物防疫员签订基层动

防疫工作责任书，明确其权利义务。原则上村级防疫员应具备以下基本条件。

1. 拥护党的路线、方针和政策，遵纪守法

2. 热爱动物防疫工作，事业心强

3. 熟悉并掌握动物防疫有关法律、法规、规章及动物防疫业务和操作技能

4. 有一定的群众基础和工作能力，年龄适宜

按照《中华人民共和国动物防疫法》及其相关法律法规的规定，村级动物防疫员必须接受相关知识和技能培训，更新兽医学和兽医管理法律法规等知识，提高业务水平。

（二）管理机制

对村级动物防疫队伍实行工作绩效管理和人员动态管理，根据其工作职责，定期对村级动物防疫员的工作开展综合评价，并将评价结果与报酬补贴挂钩。对工作表现突出，有显著成绩和贡献的村级动物防疫员给予适当奖励；对完不成工作任务的，给予相应的处罚；定期进行检查考核，对考核不合格的，及时调整出村级动物防疫员队伍。同时，通过建立健全村级动物防疫员监督管理办法，严肃工作纪律，规范从业行为。

第二节　动物防疫

一、动物防疫的内涵

《中华人民共和国动物防疫法》规定，动物疫病是指动物的传染病和寄生虫病。动物防疫是指动物疫病的预防、控制、扑灭和动物、动物产品的检疫。即通过采取法律、行政和技术等综合性防治措施，消除动物传染病的流行因素，防止动物疫病的发生。

（一）动物疫病的预防

主要是指对动物采取免疫接种、驱虫、药浴、疫病监测和对动物饲养场所实施环境安全型畜禽舍改造以及采取消毒、生物安全控制、动物疫病的区域化管理等一系列综合性措施，防止动物疫病的发生。

（二）动物疫病的控制

包含两方面内容：一是发生动物疫病时，采取隔离、封锁、扑杀、消毒等措施，防止其扩散蔓延，做到有疫不流行；二是对已经存在的动物疫病，采取监测、淘汰等措施，逐步净化直至达到消灭该动物疫病。

（三）动物疫病的扑灭

一般是指发生重大动物疫情时，需要采取"封锁、隔离、销毁、消毒和无害化处理等"紧急、严厉的综合强制措施，迅速扑灭疫情。对动物疫病的扑灭应当遵循早、快、严、小的原则。"早"，即及早发现和报告动物疫情；"快"，即迅速采取各项措施，防止疫情扩散；"严"，即严格执行疫区内各项严格的处置措施，在限期内扑灭疫情；"小"，即把动物疫情控制在最小范围之内，使动物疫情造成的损失降低到最小程度。

（四）动物、动物产品检疫

是指为了防止动物疫病传播，保护养殖业生产和人体健康，维护公共卫生安全，由法定的动物卫生监督机构，采用法定（由国务院兽医主管部门制定）的检疫程序和方法，根据法定的检疫对象即需要检疫的动物传染病和寄生虫病，依照国务院兽医主管部门制定的动物检疫规定，采取法定的处理方式，对动物、动物产品的卫生状况进行检查、定性和处理，并出具法定的检疫证明的一种行政执法行为。实施动物及其产品检疫的目的，一是为了防止染疫动物及其产品进入流通环节；二是防止动物疫病通过运输、屠宰、加工、贮藏和交易等环节传播蔓延；三是为了确保动

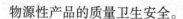

物源性产品的质量卫生安全。

二、动物防疫工作的意义和重要性

动物防疫工作与养殖业的发展、自然生态环境保护、人类身体健康关系十分密切。众所周知，动物疫病历来是影响养殖业健康发展的第一大敌，它不仅可能造成大批畜禽死亡和畜产品损失，影响人们的生产生活和对外贸易，而且还可能给人类健康带来潜在威胁，一旦暴发流行，将给养殖业带来毁灭性打击、造成巨大的经济损失。同时，还会带来一系列的政治、经济、社会和外交问题，其所造成的影响已远远超过了畜牧业生产及畜牧业经济领域，也因此越来越受到世界各国政府、国际组织和广大人民群众的重视与关注。从某种意义上讲，动物疫病的预防、控制和消灭程度，已成为衡量一个国家文明程度、兽医事业发展水平乃至国民经济和科学技术发展水平的重要标志。因此，采取有效的防疫措施，加大动物防疫工作力度，防止动物疫病发生与流行无疑具有重大的现实意义，而从战略眼光的角度看，动物防疫是需要长期坚持、走可持续发展道路的一项重要工作，应该受到长期的重视。

三、动物防疫工作目标和总体要求

（一）工作目标

不发生区域性重大动物疫情，不发生动物源性食品安全事件。

（二）总体要求

动物防疫工作必须严格按照"五统一"，即统一疫苗、统一免疫程序、统一操作规程、统一免疫标识、统一评价免疫质量；"五个配套"即预防注射与免疫标识配套、与消毒灭源配套、与疫病普查配套、与防疫信息的录入和传输配套、与建立规范的免疫档案配套的要求；做到"五不漏"，即县不漏乡、乡不漏村、村不漏户、户不漏畜、畜不漏针；坚持"五强制、两强化"，即强制免疫、强制检疫、强制消毒、强制封锁、强制扑杀，强化动物防疫监督、强化疫情报告。

四、动物防疫工作方针和相关政策

（一）预防为主的工作方针

我国动物防疫工作坚持"预防为主、群防群控，养防结合、防重于治"的基本原则，做到防患于未然。对重大动物疫病防控按照"加强领导、密切配合、依靠科学、依法防治、群防群控、果断处置"二十四字方针，通过构建和完善动物防疫体系，确立动物疫病风险评估、动物疫病强制免疫、疫情监测预警和动物疫病区域化管理等四项制度，强化免疫接种、检疫监测、监督检查和管理等三大保障措施，来确保"预防为主"方针落到实处。

（二）免疫与扑杀相结合的防控政策

目前，我国对口蹄疫、高致病性禽流感、猪瘟和高致病性猪蓝耳病等重大动物疫病实行强制免疫。强制免疫是指国家对严重危害养殖业生产和人体健康的动物疫病，采取制定强制免疫计划，确定免疫用生物制品和免疫程序，以及对免疫效果进行监测等一系列预防控制动物疫病的强制性措施，以达到有计划分步骤地预防、控制、扑灭动物疫病的目的。强制免疫是我国防控重大动物疫病的重要手段。国家确立了免疫与扑杀相结合的防控政策，并不断增加对动物疫病防控的投入，进一步完善了重大动物疫病防控政策。目前，已形成了以重大动物疫病强制免疫疫苗经费补助、扑杀补贴和基层动物防疫工作补助为主要内容的动物防疫补贴政策。

1. 重大动物疫病强制免疫补助政策

国家对高致病性禽流感、口蹄疫、高致病性猪蓝耳病、猪瘟等重大动物疫病实行强制免疫政策。疫苗经费由中央财政和地方财政共同按比例分担，养殖场（户）无需支付强制免疫疫苗费用。

2. 扑杀补贴政策

国家对高致病性禽流感、口蹄疫、高致病性猪蓝耳病、小反刍兽疫发病动物及同群动物和布病、结核病阳性奶牛实施强制扑杀。对因重大动物疫病扑杀畜禽给养殖者造成的损失予以补贴，补贴经费由中央财政和地方财政共同承担。

3. 基层动物防疫工作补助政策

为支持基层动物防疫工作，中央财政对基层动物防疫工作实行经费补助。补助经费用于对村级防疫员承担的为畜禽实施强制免疫等基层动物防疫工作经费的劳务补助。同时，各省、市、县级财政也根据本地实际，逐级配套金额不等的村级防疫员补助经费。

五、防疫工作的基本原则和基本内容

（一）防疫工作的基本原则

1. 建立、健全各级特别是基层兽医防疫机构

兽医防疫工作是一项与农业、商业、外贸、卫生、交通等部门都有密切关系的重要工作。只有各有关部门密切配合，从全局出发，大力合作，统一部署，全面安排，建立、健全各级兽医防疫机构，特别是基层动物防疫机构，拥有稳定的防疫、检疫、监督队伍和懂业务的高素质技术人员，才能保证动物防疫措施的贯彻落实，把动物防疫工作做好。

2. 建立、健全并严格执行兽医法律法规

兽医法律法规是做好动物传染病防制工作的法律依据。《中华人民共和国进出境动植物检疫法》《中华人民共和国动物防疫法》及其配套法律法规、规章、技术规范等，是我国开展动物传

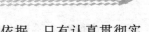

染病防治和研究工作的指导原则及有效依据，只有认真贯彻实施，才能有效地提高我国防疫灭病工作水平。

3. 贯彻"预防为主"的方针

搞好饲养管理、防疫卫生、预防接种、检疫、隔离、消毒等综合性防疫措施，以提高动物健康水平和抗病能力，控制和杜绝传染病的传播蔓延，降低发病率和死亡率。实践证明，只要做好平时的预防工作，很多传染病的发生都可以避免；即或发生传染病，也能及时得到控制。在大规模饲养的畜（禽）群中，兽医工作的重点应放在群发病的预防方面，而不是忙于治疗个别病畜（禽），否则会使工作完全陷入被动局面。

（二）防疫工作的基本内容

动物防疫工作的主要任务，一是预防动物疫病，二是扑灭动物疫病。前者是没有发生动物疫病时，平时应该采取的预防性措施，后者是发生动物疫病时，采取的紧急扑灭措施。无论平时预防还是紧急扑灭，都必须围绕动物疫病流行的 3 个基本环节，采取包括"养、防、检、治" 4 个方面的综合性措施，科学地预防发生，科学地快速扑灭，控制其流行。

1. 平时的预防性措施

（1）实行动物防疫条件审核制度。凡是从事动物饲养、经营和动物产品生产、经营以及与动物防疫有关的活动，应当符合国家规定的动物防疫条件，取得《动物防疫条件合格证》，并建立和严格实行卫生防疫制度，接受动物卫生监督机构的监督。

（2）加强饲养管理，搞好卫生消毒工作，严防饲料和饮水被病原微生物污染等，坚持"自繁自养、全进全出"的原则。

（3）拟定和执行定期免疫接种及补免计划：每年春秋两季（春季 4 月、秋季 9 月）集中免疫，对漏免畜禽及时补免，定期开展免疫监测和疫情监测等。

（4）认真贯彻执行检疫、检验工作。主要做好产地、运输、屠宰、市场四个环节的检疫，以便及时发现患病畜禽，防止疫病发生和流行，及时发现并消灭传染源。严把引进动物关；不随意从外地引种，减少病源传入的机会。

（5）搞好经常性的消毒工作：对畜禽养殖场所定期消毒，及时杀虫灭鼠，对粪便污物及病死动物等及时进行无害化处理。

（6）调查研究当地疫情分布，组织相邻地区联防协作，有计划地进行消灭和控制，并防止外来疫病的侵入。

2. 发生疫病时的扑灭措施

当发生动物疫病时，应按照"及时发现、快速反应、严格处理、减少损失"的原则进行。

（1）及时发现、诊断和上报疫情。按照"早、快、严、小"的原则，立即报告当地动物疫病预防控制机构或动物卫生监督机构，可书面报告，也可电话报告。

（2）迅速将病畜（禽）隔离，对污染场地、圈舍等进行紧急彻底的消毒。

（3）尽快做出正确诊断和查清疫情来源。

（4）不排除重大动物疫情的，立即启动应急机制，对病死畜禽按规定进行扑杀和无害化处理，对疫区和受威胁区易感动物实行紧急免疫接种。

（5）及时划定疫点、疫区和受威胁区，对疫区实行封锁，受威胁区要严格防范，并通知比邻地区，做好联防联控。

六、动物防疫相关立法

村级动物防疫员是从事动物防疫工作的专门人员，其工作行为均应受动物防疫有关法律法规的调整。当前适用动物防疫工作的法律法规主要有《中华人民共和国动物防疫法》《重大动物疫病应急条例》以及国家和省制定的有关配套规定。

（一）《中华人民共和国动物防疫法》（以下简称"防疫法"）

我国第一部关于动物防疫工作的法律，是动物防疫管理活动的根本依据。1997年7月3日第八届全国人民代表大会常务委员第26次会议通过，2007年8月30日第十届全国人民代表大会常务委员会第29次会议重新修订，并于2008年1月1日起施行。《中华人民共和国动物防疫法》的颁布实施，标志着我国政府把动物疫病的预防、控制和扑灭，动物产品的检疫纳入了法制化管理轨道，同时，确定了各级人民政府对本地的动物防疫工作负总责，政府的主要领导是动物防疫工作的第一责任人，引起全社会对防疫工作的重视，推动防疫工作的开展。

动物防疫法从根本上界定了从业人员应该遵守的动物防疫行为准则。学习、掌握和运用好是对我们全体动物防疫工作人员的基本要求。作为村级动物防疫员应该掌握有关的章节和条款。《中华人民共和国动物防疫法》共分为七章，五十八条。要重点学习了解第一章总则、第二章动物疫病的预防和第三章动物疫病的控制和扑灭，并将其中有关规定内容融会贯通。

（二）《重大动物疫病应急条例》（以下简称"条例"）

于2005年11月16日国务院第113次常务会议通过，于同年11月18日实施。它是在新的动物防疫形式下和新的防疫指导思想下制定的，即是对防疫法的补充和完善，也为今后深入开展动物防疫工作提供了法律依据，关系到兽医工作全局。条例的颁布实施，使我国重大动物疫情防控全面纳入法制化轨道，标志着我国进入依法开展动物防疫工作的新阶段。条例使重大动物疫情防控从部门行为转变为政府行为，从"两种状态（动物疫情的预防和扑灭）、两个手段（应急预案和逐级落实防疫责任制）、两个管理主体（人民政府和应急指挥部）、三个实施主体（兽医主管部门、有关部门和动物防疫监督机构）"4个方面，规定了重大动物疫情的政府行为，建立了新的管理秩序。进一步健全和完善了防控疫情的法律法规，明确了防控重大动物疫情的指导思想，增强了应急防控工作规范性。并把行之有效的防控措施规范化、法制化，增强了针对性、法制性和指导性。条例共设六章四十九条，只有弄懂吃透，才能做到依法防控。

（三）畜禽规模养殖污染防治条例

于 2013 年 10 月 8 日通过国务院常务会议审议，同年 11 月 11 日由李克强总理签署颁布，2014 年 1 月 1 日生效施行。这一条例是我国农村和农业环保领域第一部国家级行政法规，是农村和农业环保制度建设的里程碑，是生态文明制度建设尤其是农村和农业领域生态文明制度建设的重大进展，对推动畜禽养殖环境问题的解决、促进畜禽养殖业健康、可持续发展，具有十分深远的意义。准确理解和把握条例的要义，充分利用好条例关于促进畜禽养殖业发展做出的规定，对于提升产业综合效益、推动畜禽养殖业实现转型升级，十分必要。

第二章 专业理论基础知识

村级动物防疫人员，应当具备兽医微生物学、动物免疫学、动物病理学、动物传染病学、动物寄生虫病学等基本常识，了解和掌握动物环境卫生基础知识和兽用药物基础知识。

第一节 兽医微生物学

一、了解微生物和微生物学

微生物是自然界中最小的生物，其单一个体通常不能被肉眼所见，必须用普通光学显微镜或电子显微镜放大数百倍、几千倍、甚至几万倍才能看到。这些微小的生物大部分是介于植物界与动物界之间的单细胞生物，繁殖快、分布广，结构简单，种类繁多。

（一）微生物的分类

1. 根据它们的外形特点，可分为三型八大类群

（1）真核细胞型微生物。细胞核分化程度高，有核膜、核仁和染色体，细胞器完整。如真菌。

（2）原核细胞型微生物。仅有原始核质，无核膜、核仁，细胞器不是很完善。这类微生物众多，包括细菌、支原体、衣原体、立克次体、螺旋体、放线菌。

（3）非细胞型微生物。体型极小，无典型的细胞结构，核酸类型为 DNA 或 RNA，只能在活细胞内复制增殖。病毒属此类。

2. 根据其与人类和动物的关系，可分为有益、无益无害和有害微生物 3 类

其中，有害微生物，虽然只占整个微生物界的一小部分，但却能够引起人和动物的传染病。故又称其为病原微生物、兽医微生物。

（二）微生物在自然界的分布

微生物在土壤、水及空气中广泛分布，种类繁多，其中的病原微生物备受重视。

1. 土壤

具备着多种微生物生长繁殖所需要的营养、水分、气体环境、酸碱度、渗透压和温度等条件。故有微生物天然培养基之称。土壤中微生物的种类很多，有细菌、放线菌、真菌、螺旋体、藻类和噬菌体等。但以细菌为最多（占 70% ～ 90%），其中，以腐生性的球菌为最多。在土壤中可以检出很多病原微生物，例如，炭疽杆菌、破伤风梭菌、黑腿病梭菌、魏氏梭菌、恶性水肿梭菌、结核杆菌、猪丹毒杆菌、巴氏杆菌以及猪瘟病毒等，这些病原微生物是随着尸体、粪便、各种受感染的废物和污水一道进入土壤中的。各种病原微生物在土壤中的存活时间也长短不一，例如，炭疽杆菌的芽胞在土壤中可以存活数年，猪丹毒杆菌可以存活 166 天，巴氏杆菌不超过 14 天，布鲁氏菌达 100 天，猪瘟病毒仅 5 天。因为在土壤中有很多病原微生物，所以土壤也是家畜传染病的一个媒介。

2. 水

在各种水域中都生存着微生物。在有机物丰富的水中，微生物大量存在。水中的微生物主要为腐生性细菌，其次，还有真菌、螺旋体、噬菌体、藻类和原生动物等。在水中可以发现各种病原微生物，例如：炭疽杆菌、鼻疽杆菌、巴氏杆菌、猪丹毒杆菌、被伤风梭菌、布氏杆菌和猪瘟病毒等。这些病原微生物大部分是随着患病动物的排泄物而进入水中的。

3. 空气

空气中缺乏营养物质和水分、日光直射不适合微生物生存。但是微生物可由土壤、水和动植物通过飞沫或尘埃等散布在空气中，以气溶胶的形式存在。在空气中也曾经发现过很多种病原微生物，如结核杆菌、肺炎球菌、流行性感冒病毒和炭疽杆菌的芽胞等。假如健康家畜吸入带有病原微生物的空气，便能够感染传染病。不过，由于干燥、日光、温度变动和营养物缺乏等因素，病原微生物在空气中的存活时间并不长。

（三）微生物学

微生物学是生命科学的一个重要分支，是研究微生物的形态、结构、生理代谢、生长繁殖、遗传、进化、生态、分类以及微生物的生命活动与自然界、人类、动物、植物的相互关系及其规律的一门科学。兽医微生物学是在微生物学一般理论基础上研究微生物与动物疾病的关系，并利用微生物学与免疫学的知识和技能来诊断、防治动物的疾病和人畜共患疾病。保障人类的食品安全与卫生，保障畜牧业生产，保障动物的健康及生态环境的保护，它是微生物学的重要分支。

二、病原微生物

病原微生物是指可以侵犯动植物体，引起感染甚至传染病的微生物，或称病原体。病原微生物包括细菌、螺旋体、立克次体、衣原体、支原体、真菌、病毒以及朊毒体、寄生虫（原虫、蠕虫、医学昆虫）等，其中，以细菌和病毒的危害性最大。

（一）常见病原微生物

1. 细菌

细菌是原核生物界中的一大类单细胞微生物，它们的个体微小，形态与结构简单。形状有球形、杆形和螺旋形，以二分裂的方式繁殖。细菌没有细胞核，也没有线粒体等细胞器，只有一个环状的 DNA 分子，位于细菌细胞内特定的区域内，称为类核体。除支原体外，所有细菌都有细胞壁，胞壁酸是细菌细胞壁的特有成分。植物的细胞壁不含胞壁酸。革兰氏染色是对细菌的细胞壁染色，从而鉴定细菌的一个简便方法。引起多种炎症的链球菌，引起化脓的葡萄球菌等都是革兰氏阳性菌；大肠杆菌、沙门氏菌等是革兰氏阴性菌。

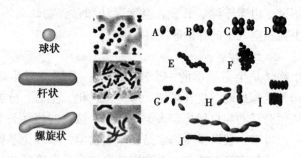

图 2-1　细菌外形和排列

A 单球菌　B 双球菌　C 四联球菌　D 八叠球菌　E 链球菌
F 葡萄球菌　G 单杆菌　H 双杆菌　I 栅栏状排列的菌　J 链杆菌

2. 立克次氏体和衣原体

立克次氏体和衣原体都是专性细胞内寄生的原核微生物，结构及繁殖方式与细菌类似，生长要求类似病毒。过去认为它们是病毒或介于病毒与细菌之间的生物。但衣原体和立克次氏体都有自己的酶系统，都有 DNA 和 RNA 两种核酸，都有含胞壁酸的细胞壁，因此，应属细菌。它们的酶系统并不完全，衣原体所需 ATP 全部依赖于寄主细胞，必须在寄主细胞内生活，有摄能寄生物之称。衣原体广泛分布于鸟类，人体细胞也常有衣原体寄生。沙眼和鹦鹉热的病原就是衣原体。立克次氏体也是专性寄生的，主要寄生于节肢动物如蝉、螨、昆虫等细胞内，或以这些动物为媒介而寄生于人和其他动物细胞内。

3. 支原体

支原体又名霉形体，是一类无细胞壁的细菌，细胞柔软，高度多形性，从球形到不规则的丝状都有。它是已知最小的能在细胞外培养生长的原核生物，含有 DNA 和 RNA，以二分裂或出芽方式繁殖。在固体培养基上形成特征性的"煎荷包蛋"状菌落。由于没有细胞壁，对作用于肽聚糖细胞壁的抗生素不敏感，但对抑制或改变正常蛋白质合成的抗生素，如四环素、土霉素、新霉素、卡那霉素等均敏感。支原体广泛分布于污水、土壤、植物、动物和人体中，营腐生、共生或寄生生活，常污染实验室的细胞培养及生物制品，有 30 多种对人或畜禽有致病性，临床常引起鸡的慢性呼吸道病和猪的气喘病。

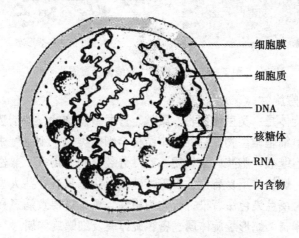

细胞膜
细胞质
DNA
核糖体
RNA
内含物

图 2-2　支原体模式图

4. 分枝杆菌及放线菌

分枝杆菌均为平直或微弯的杆菌，有时分枝，呈丝状，不产生鞭毛、芽胞或荚膜。革兰氏染色阳性，能抵抗 3% 盐酸酒精的脱色作用，故称为抗酸菌。分枝杆菌在自然界分布广泛，对动物有致病性的主要是结核分枝杆菌、牛分枝杆菌、禽分枝杆菌和副结核分枝杆菌等。

放线菌是一类能形成分枝菌丝的细菌,其细胞壁含有与细菌相同的肽聚糖,不产生芽胞和分生孢子,革兰氏染色呈阳性。放线菌生活于土壤中,平常所说的"土腥气"主要来自放线菌。其中牛放线菌较为常见,可感染牛、猪、马、羊等。此外,放线菌是许多医用抗生素的产生菌。链霉菌是放线菌中最重要的一类,产生的抗生素种类最多,如链霉素、红霉素等。

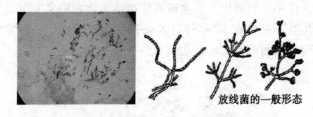

放线菌的一般形态

图2-3　分枝杆菌、放线菌示意图

5. 螺旋体

螺旋体是一类菌体细长、柔软、弯曲呈螺旋状,能活泼运动的原核单细胞微生物。它的基本结构与细菌类似,细胞壁中有脂多糖和胞壁酸,胞浆内含核质,以二分裂繁殖,需氧、兼性厌氧或厌氧。螺旋体不易着色,多需特殊染色法。只有一些大型的螺旋体能为革兰染色法着染,且均为阴性。具有重要致病意义的有疏螺旋体属、蛇形螺旋体属、密螺旋体属及细螺旋体属。

6. 真菌

真菌是一类真核微生物,不含叶绿素,无根、茎、叶,营腐生或寄生生活。一般从形态上分为酵母菌、霉菌及担子菌三大类,均可对动物致病。酵母菌为单细胞微生物,生长繁殖规律与细菌相似,以无性繁殖为主。霉菌有菌丝和孢子,菌丝体构成菌落,无性与有性繁殖产生的孢子具有不同形态特征。真菌对外界

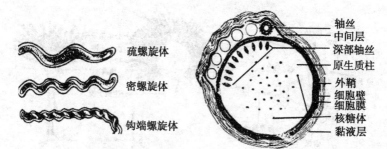

图 2-4　螺旋体示意图和横切面模式图

环境有较强的适应力，室温、低 pH 值及高湿有利其生长。

　　真菌通过不同形式可引起各种动物的不同疾病。致病性真菌主要是外源性真菌，可造成皮肤、皮下和全身性感染，如皮肤癣菌在皮肤局部大量繁殖后，通过机械刺激和代谢产物的作用，引起局部炎症和病变；条件致病性真菌多为内源性真菌，如念珠菌、曲霉菌等，致病性不强，只在机体免疫力降低或长期应用广谱抗生素治疗后，发生机会感染。在饲料中生长的真菌，动物食用后可导致中毒，引起中毒的主要是真菌产生的毒素。

　　7. 病毒

　　病毒以病毒颗粒的形式存在，具有一定形态、结构与传染性，在电子显微镜下才能观察到。各种病毒颗粒形态不一，但都具有蛋白质的衣壳及其包裹的核酸芯髓，衣壳与芯髓共同构成核衣壳。有的病毒核衣壳还有囊膜及纤突。衣壳由壳粒组成，呈20 面体对称，少数为复合对称。每一种病毒只含有一种核酸，DNA 或 RNA。每种核酸又有双股与单股、正股与负股、线状与环状、分节段与不分节段之分。脂质与糖是囊膜与纤突的组分，可被氯仿或乙醚等脂溶剂破坏。核酸是病毒分类的最基本标准。

　　病毒在自然界分布广泛，人与动物、植物、藻类、真菌和细菌都有病毒感染。其中动物病毒种类繁多，多数对宿主有致病作

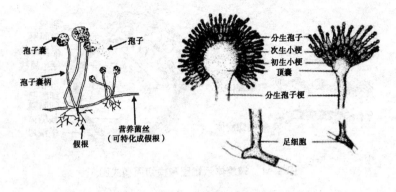

图 2-5　真菌示意图

用，导致疫病流行，造成巨大损失。例如，口蹄疫、禽流行性感冒、狂犬病等。有的则可引发肿瘤，例如，鸡马立克氏病病毒、禽白血病病毒等。

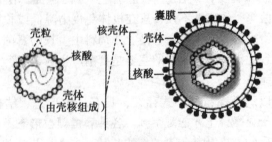

图 2-6　病毒结构示意图

（二）病原微生物的致病作用

病原微生物能以各种方式侵入动物体内，以其固有的毒力突破机体的防御屏障，到达体内一定的组织进行生长繁殖，并产生对机体有毒害作用的代谢物质（如毒素），使被侵害的组织出现病理变化，继而出现程度不同的临床症状。病原微生物致病作用取决于它的致病性和毒力。

多面体
对称
螺旋对称
复合对称

图 2-7 病毒外壳结构的对称性

1. 致病性

也称病原性，是指特定种类的病原微生物，在合适的条件下，能引起动物机体发生疾病的能力或特性，它是一种质的描述，是病原微生物的共同性质。

病原微生物对不同的宿主其致病性不同。有的只对人有致病性，有的只对特定种类的动物有致病性，有的兼而有之。不同的病原微生物引发宿主机体发病的过程也不同，如猪瘟病毒引起猪瘟，结核分枝杆菌则能引起人和多种动物发生结核病，从这个意义上讲，致病性是微生物种的特征之一。

2. 毒力

病原微生物致病力的强弱程度称为毒力。毒力是病原微生物的个性特征，表示病原微生物病原性的程度，可以通过测定加以量化。不同种类病原微生物的毒力强弱不一致，而且可因宿主及环境条件的不同而发生变化。同种病原微生物在不同的毒株或型间毒力也不相同。如同一种细菌的不同菌株的毒力也会有强毒、弱毒和无毒菌株之分。

（1）毒力大小的表示方法。在实际工作中，毒力的测定是非常重要和必要的，不仅能确定病原微生物致病力的强弱，而且用在疫苗和血清效价测定及药物研究等工作中，必须先测定病原微生物的毒力。毒力常用以下 4 种方法表示，其中最具实用的是半数致死量和半数感染量。

①最小致死量（MLD）：能使特定的动物在感染后一定时限

内死亡的最小活微生物量或毒素量。

②半数致死量（LD50）：能使实验动物在感染后一定时限内发生半数死亡的活微生物量或毒素量。

③最小感染量（MID）：能引起实验对象（动物、鸡胚或细胞）发生感染的最小病原微生物量。

④半数感染量（ID50）：能使半数试验对象（动物、鸡胚或细胞）发生感染的病原微生物的量。

（2）毒力改变的方法。可以通过回归易感动物增强微生物毒力；也可以通过在体外连续培养传代达到减弱毒力的目的。

（三）外界环境因素对病原微生物的影响

病原微生物的生命活动要求一定的外界环境条件，外界环境条件适宜时，微生物进行正常生长繁殖；不适宜时，则会使微生物生长受到抑制或发生变异，甚至死亡。

不同的环境因素对微生物的影响不同；同一因素因浓度或作用时间不同，对微生物的影响也不一样；有的因素对某些微生物来讲是必需的，而对另一些微生物又是有害的，如好氧微生物必须在有氧条件下才能生长繁殖，而厌氧微生物在有氧情况下将会受到抑制。在有害因素中，有的起抑制作用；有的表现为杀菌作用。影响病原微生物的外部环境主要有：物理因素、化学因素和生物因素。

1. 物理因素

温度、辐射、干燥、超声波、微波、过滤等。

（1）温度。适当的温度有利于微生物的生长发育，过高或过低都会影响微生物的新陈代谢，抑制生长发育，甚至使之死亡。大多数微生物对低温具有很强的抵抗力，当温度低于其最低生长温度时，其代谢活动降低至最低水平，生长繁殖停止，但仍然可以长时间保持活力。高温对微生物有明显的致死作用，能够使菌体的蛋白质、核酸、酶系统等产生直接的破坏作用，因此，常常采用高温进行消毒灭菌。

（2）辐射。辐射对微生物的灭活作用可分为电离辐射和非电离辐射两种。电离辐射的杀菌机制是高能射线将水电离为氢离子和氢氧根离子，这些离子是强的还原剂和氧化剂，可直接作用于细菌本身，使菌体内酶类的-SH 基氧化而失去活性，影响菌体细胞内物质分解，使细菌死亡或发生突变。非电离辐射主要是阳光和紫外线，直射阳光具有强烈的杀菌作用，许多微生物在直射日光的照射下，半小时到数小时可致许多微生物死亡。芽胞的耐受力更强，需要照射 20 小时，才能死亡。紫外线辐射的原理主要是对细菌 DNA 产生突变而引起死亡。

（3）干燥。干燥的环境可使微生物失去大量水分，扰乱其新陈代谢，甚至引起菌体蛋白质变性和盐浓度升高而致菌体逐渐死亡。

（4）超声波。细菌和酵母菌在超声波作用下于几十分钟内死亡，大多数噬菌体和病毒对超声波也有一定的敏感性，但小型病毒对超声波不敏感，细菌的芽胞对超声波具有抵抗力。超声波处理虽可使菌体破裂死亡，但往往有残存，又因费用大，故未用来消毒灭菌。目前，主要用于裂解细胞，提取细胞组分，做研究用。

（5）微波。微波灭菌，主要是利用微波的加热作用，其应用范围很广，除可用来对医药用品及其他物体进行灭菌外，还可以用于加快免疫化学反应如 ELISA 以及物品脱水等。

（6）过滤。过滤除菌是通过机械阻滞作用将液体或空气中的细菌等微生物除去的方法。但不能除去病毒、霉形体等小颗粒。

2. 化学因素

许多化学药物能够抑制或杀死微生物，在实际的消毒、防腐和疫病治疗中得到了广泛应用。如消毒剂、防腐剂、化学治疗剂等。

3. 生物因素

自然界中影响微生物生命活动的生物因素很多，在各种微生物之间，或是微生物与高等动植物之间，经常会出现相互影响的作用。主要有抗生素、植物杀菌素、细菌素、噬菌体等。

（1）抗生素，是某些微生物在其生命活动过程中产生的一类能抑制或杀死另一些微生物的特殊代谢物叫作抗生素。抗生素的作用原理可以概括为 4 种类型：干扰细菌壁合成的、损伤胞浆膜而影响其通透性的、影响菌体蛋白质合成的、影响核酸合成的。

（2）植物杀菌素，是某些植物中存在的具有杀菌作用的物质。比如，中草药中的黄连、黄柏、黄芩、大蒜、板蓝根等。

（3）细菌素，是某种细菌产生的一种具有杀菌作用的蛋白质，只能作用于与它同种不同株的细菌以及与它亲缘关系相近的细菌。如大肠杆菌所产生的大肠菌素等。

（4）噬菌体，是寄生于细菌、霉形体、螺旋体、放线菌以及蓝细菌等的一类病毒，亦称细菌病毒。它可以通过感染、裂解宿主细胞影响宿主生长。

三、细菌的致病机理

凡能引起人类和动物疾病的细菌，统称为病原菌或致病菌（Pathogenic bacterium）。病原菌的致病作用与其毒力、侵入机体的数量、侵入途径及机体的免疫状态密切相关。

（一）细菌的毒力

构成病原菌毒力的主要因素是侵袭力和毒素。

1. 侵袭力

是指细菌突破机体的防御机能，在体内定居、繁殖、扩散及蔓延的能力。构成侵袭力的主要物质有细菌的酶、荚膜及其他表面结构物质。

2. 毒素

它是细菌在生长繁殖过程中产生和释放的具有损害宿主组织和器官，并引起生理功能紊乱的毒性成分。细菌毒素按其来源、性质和作用的不同，分为内毒素和外毒素两类。

（1）外毒素：主要是由多数革兰氏阳性细菌和少数革兰氏阴性细菌在生长繁殖过程中产生并释放到菌体外的毒性蛋白质。能产生外毒素的革兰氏阳性菌有：破伤风梭菌、肉毒梭菌、产气荚膜梭菌、炭疽杆菌、链球菌、金黄色葡萄球菌等；革兰氏阴性细菌有：大肠杆菌、霍乱弧菌、多杀性巴氏杆菌等。外毒素具有很强的毒性，小剂量就能使易感机体致死。

（2）内毒素：是许多革兰氏阴性菌细胞壁中的结构成分，生活状态时不释放到外环境中，只有当菌体死亡破裂或用人工方法裂解细菌才释放，因而称为内毒素。大多数的革兰氏阴性菌都能产生内毒素，如沙门氏菌、痢疾杆菌、大肠杆菌等。内毒素也存在于螺旋体、衣原体和立克次氏体中。

（二）细菌侵入的数量和适当的侵入部位

病原微生物引起感染，除必须有一定毒力外，还必须有足够的数量和适当的侵入部位。有些病原菌毒力极强，极少量的侵入即可引起机体发病，如鼠疫杆菌，有数个细菌侵入就可发生感染。而对大多数病原菌而言，需要一定的数量，才能引起感染，少量侵入，易被机体防御机能所清除。

病原菌的侵入部位也与感染发生有密切关系，多数病原菌只有经过特定的门户侵入，并在特定部位定居繁殖，才能造成感染。

（三）细菌致病性的确定

著名的柯赫法则（Koch´s postulates）由德国细菌学家罗伯特·柯赫（Robert Koch）于1890年提出，是确定某种细菌是否具有致病性的主要依据，其要点：一是特殊的病原菌应在同一疾病中查见，在健康者不存在；二是此病原菌能被分离培养而得到纯种；三是此纯培养物接种易感动物，能导致同样病症；四是自实验感染的动物体内能重新获得该病原菌的纯培养。

柯赫法则在确定细菌致病性方面具有重要意义，特别是鉴定一种新的病原体时非常重要。但是，它也具有一定的局限性，某些情况并不符合该法则。如健康带菌或隐性感染，有些病原菌迄今仍无法在体外人工培养，有的则没有可用的易感动物。另外，该法则只强调了病原微生物一方面，忽略了它与宿主的相互作用，是不足之处。

近年来随着分子生物学的发展，"基因水平的柯赫法则"应运而生。取得共识的有：第一，应在致病菌株中检出某些基因或其产物，而无毒力菌株中没有。第二，如有毒力菌株的某个基因被损坏，则菌株的毒力应减弱或消除。或者将此基因克隆到无毒菌株内，后者成为有毒力的菌株。第三，将细菌接种动物时，这个基因应在感染的过程中表达。第四，在接种动物检测到这个基因产物的抗体，或产生免疫保护。该法则也适用于细菌以外的微生物，如病毒。

四、病毒的致病机理

从分子生物学水平分析，病毒致病特征与其他微生物的差异很大，但从整个机体或群体上研究，发现病毒感染的流行病学和发病机理与细菌感染有很多相似之处。病毒侵入机体是否引起发病，取决于病毒的毒力和宿主的抵抗力（包括特异性和非特异性免疫因素），而且二者的相互作用受到外界各种因素的影响。主要的致病机制是通过干扰宿主细胞的营养和代谢，引起宿主细胞水平和分子水平的病变，导致机体组织器官的损伤和功能改变，造成机体持续性感染。有的病毒也通过感染免疫细胞导致免疫系统损伤，造成免疫抑制及免疫病理。

（一）病毒感染对宿主细胞的直接作用

许多病毒感染细胞的结局为细胞死亡。病毒在感染细胞内阻断了细胞自身 RNA 和蛋白质的合成，而病毒蛋白质和病毒颗粒大量积聚，或形成包涵体（Inclusion body），而使感染细胞变形，常见细胞肿胀，细胞膜通透性改变，最后细胞本身溶酶体酶逸出，而导致细胞破坏。

包涵体是病毒感染细胞中独特的形态学变化。各种病毒的包涵体形态各异，单个或多个，或大或小，圆形，卵圆形或不规则形，位于核内或胞浆内，嗜酸性或嗜碱性（表）。荧光抗体染色和电镜检查证明包涵体是病毒复制合成场所。根据病毒包涵体的形态、染色性及存在部位，对某些病毒有一定的诊断价值。

表　病毒包涵体的类型

存在部位	染色特性	所见病毒（举例）
胞核内包涵体	嗜酸性	单纯疱疹病毒、水痘-带状疱疹病毒
	嗜碱性	腺病毒
胞核及胞浆内包涵体	嗜酸性	麻疹病毒、巨细胞病毒
胞浆内包涵体	嗜酸性	狂犬病病毒、副流感病毒、腮腺炎病毒、呼吸道合胞病毒、脊髓灰质炎病毒
	嗜碱性	无

（二）病毒感染引起的机体变化

1. 组织器官的损伤及组织器官的亲嗜性

大多数情况下，病毒对细胞的杀伤作用可导致组织和器官的损伤及功能障碍，病毒对机体组织的致病作用是有选择性的。例如，流感病毒和鼻病毒对呼吸道黏膜有亲嗜性；天花病毒和疱疹病毒对皮肤黏膜细胞有亲嗜性；脑炎病毒和脊髓灰质炎病毒则对神经组织具有亲嗜性。

2. 免疫的病理作用

病毒在感染宿主的过程中，通过与免疫系统相互作用，诱发免疫反应，导致组织器官损伤，这是其机制之一，目前，仍有不少病毒致病作用及发病机制不明了。

3. 细胞免疫病理作用

细胞免疫在抗病毒感染方面发挥重要作用；但是，特异性Tc 细胞可同时损伤因病毒感染而出现新抗原的靶细胞；病毒蛋白也可因与宿主细胞的某些蛋白间存在共同抗原性而导致自身免疫应答。

综上所述，病毒感染早期所致细胞损伤主要是病毒引起，病毒感染后期的机体炎症和损伤则由复杂的免疫病理反应引起。因此，对于可引起免疫病理损伤的病毒，在临床上一般不宜使用免疫功能增强剂治疗。

第二节　动物免疫学基础知识

免疫学是研究免疫反应性异物、免疫应答规律以及免疫应答产物与抗原反应的理论和技术的一门生物科学，是人类在与传染病的病原微生物作斗争的过程中建立和发展起来的，与医学微生物学、兽医微生物学、传染病学有不可分割的联系。从中国人接种"人痘"预防天花的正式记载算起，到其后的 Jenner 接种牛痘苗预防天花，直至今日，免疫学的发展已有三个半世纪。它是我们人和动物防御疫病、保持健康的理论基础，也是我们动物防疫工作的重要理论基础。

一、免疫概述

免疫（Immune）是指人和动物机体免疫系统特异识别、清除体内抗原（Antigen）异物的生理功能。它既具有防止病原微生物感染，防止肿瘤发生的有利方面，也存在一定条件下引起变态（超敏）反应，自身免疫病和免疫耐受的不利因素。

（一）基本特性

免疫的三大基本特性是，识别自身和非自身、特异性和免疫记忆。

1. 识别自身和非自身

免疫系统的识别功能对保证机体的健康极为重要，如果识别功能降低就会减弱或丧失对病原微生物或肿瘤的防御能力，识别功能紊乱则会导致严重的功能失调，把自身的组织细胞当作非自身的物质而引起自身免疫病。

2. 特异性

机体免疫应答产生的免疫力具有高度的特异性，能对抗原物质极微细的差别加以区别。如接种猪瘟疫苗可使机体获得对猪瘟病毒的免疫力，但不能抵御其他病毒的感染；又如，多血清型病原，使用某一血清型疫苗只能抵抗该血清型病原的攻击，而不能抵抗其他血清型病原的感染。

3. 免疫记忆

动物机体对某一抗原物质产生免疫应答，体内会产生特异性抗体，经过一段时间后这种抗体随即消失或检测不出，这时若用同样抗原物质或疫苗再次免疫时，机体可迅速产生比初次接种该种抗原时更多的抗体，这就是免疫记忆现象。免疫记忆是由于机体在初次接触抗原后，在刺激机体产生抗体细胞和致敏淋巴细胞的同时也形成了免疫记忆细胞。某些传染病康复后或用疫苗免疫后使动物产生长期的免疫力，这便是免疫记忆的作用。

（二）基本功能

主要体现在对免疫反应性异物的识别和清除。可归纳为3个功能。

1. 抵抗感染

又称免疫防御，指动物机体抵御病原微生物的感染和侵袭的能力。

2. 自身稳定

又称免疫稳定，机体免疫系统识别和清除自身衰老死亡的细胞，以维持机体的生理平衡。

3. 免疫监视

机体免疫系统识别和清除自身的变异细胞。

二、免疫系统

免疫系统是机体执行免疫功能的组织机构，是产生免疫应答的物质基础。由执行免疫功能的一系列器官、细胞和分子组成。

（一）免疫器官

是免疫细胞发生、分化、成熟、定居和增殖以及产生免疫应答反应的场所，根据其功能的不同可分为中枢免疫器官和周围免疫器官。

1. 中枢免疫器官

是淋巴细胞等免疫细胞发生、分化和成熟的场所，包括骨髓、胸腺（禽类为法氏囊）。

（1）骨髓，是具有未分化的、多潜能的干细胞，其潜在的分化能力很强，能分化为原血细胞和淋巴干细胞。原血细胞是发育成细胞系和巨噬细胞系的细胞；多潜能干细胞是发育成淋巴细胞的干细胞。淋巴干细胞可通过不同的中枢免疫器官的"驯化"，衍化为具有特异性免疫的功能细胞。

（2）胸腺，是一种淋巴样组织，位于颈部及胸腔前部，气管和主动脉的腹面，驹、犊、仔猪和雏鸡的胸腺常常伸展到颈部直达甲状腺处，所有的哺乳动物在幼龄时，胸腺发育非常好，随着动物的成熟而逐渐退化，最终被结缔组织和脂肪组织所代替。

胸腺由皮质和髓质两大部分组成，胸腺组织的网状上皮细胞能产生胸腺激素，老年动物胸腺虽然退化，但网状上皮组织结构仍然存在，免疫功能仍能建立。胸腺在免疫学上有重要意义，骨髓内有部分多能干细胞迁移到胸腺内，在胸腺激素的影响下，大量增殖分化成具有细胞免疫功能的 T 细胞。

（3）法氏囊，也叫腔上囊，是禽类特有的构造，位于泄殖腔的后上方，是一个囊状淋巴器官，囊壁充满淋巴细胞。骨髓来的多能干细胞，在法氏囊激素作用下，可发育成熟并衍化为具有体液免疫功能的 B 细胞。人和哺乳动物无法氏囊，但有法氏囊功能的类似结构，如骨髓，肠道中的淋巴组织等。

2. 周围免疫器官（图 2 - 8，图 2 - 9）

是各种免疫细胞分布，并与抗原进行免疫应答的器官，包括淋巴结、脾脏、黏膜免疫系统和鸡的哈德氏腺等。

（1）淋巴结，具有和淋巴组织一起过滤捕捉淋巴液中的抗原，并在其中进行免疫应答的作用。哺乳类动物机体有许多淋巴结分布于全身各部位淋巴管的径路上，定居着大量巨噬细胞、T 细胞和 B 细胞，其中，T 细胞占 75%，B 细胞 25%。禽类只有水禽在颈胸和腰共有两对淋巴结。

（2）脾脏，是造血、贮血、滤血和淋巴细胞分布及进行免疫应答的器官。由红髓和白髓两部分组成。在脾脏中 B 细胞占 65%，血流中的大部分抗原在脾脏中被巨噬细胞吞噬、加工，呈递给 T 细胞，辅助 B 细胞进行体液免疫应答。

（3）黏膜免疫系统，包括肠黏膜、Peyers 淋巴集结、肠系膜淋巴结、阑尾、气管黏膜、腮腺、泪腺、泌尿生殖道黏膜和乳腺管黏膜等的淋巴组织，共同组成一个黏膜免疫应答网络。

（4）鸡的哈德腺，又称瞬膜腺，位于眼窝中腹部，眼球后的中央，也分布有 T 细胞、B 细胞，是对抗原进行免疫应答的部位，鸡新城疫Ⅱ系弱毒疫苗等滴眼就主要在哈德氏腺进行免疫应答，产生抗体。

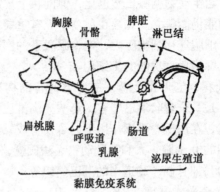

图2-8 猪免疫器官示意图

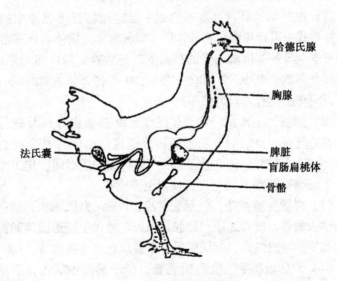

图2-9 鸡免疫器官示意图

（二）免疫细胞

凡参与免疫应答或与免疫应答有关的细胞。包括免疫活性细胞、抗原提呈细胞及其他细胞三大类。

1. 免疫活性细胞

在免疫应答过程中，接受抗原物质刺激后能分化增殖，并产生特异性免疫应答的细胞，如 T 细胞、B 细胞，浆细胞、记忆细胞等。其中 T 细胞和 B 细胞起核心作用，两者均来源于骨髓多能干细胞。

（1）T 细胞的功能。参与细胞免疫、免疫调节、迟发型变态反应和释放淋巴因子。

（2）B 细胞的功能。产生抗体，参与体液免疫；参与免疫调节，提呈抗原、产生淋巴因子等。

2. 抗原提呈细胞

又称免疫辅助细胞，具有捕获和处理抗原，并将抗原信息递呈给免疫活性细胞的能力。如树突状细胞、单核细胞、巨噬细胞等。

3. 其他细胞

这类细胞是用其他方式参与免疫应答或与免疫应答有关。如粒细胞、K 细胞、NK 细胞、D 细胞、N 细胞等。

三、抗原与抗体

（一）抗原

凡能刺激机体免疫系统产生抗体或致敏淋巴细胞，并能与之结合引起特异性免疫反应的物质称为抗原（Ag）。

1. 抗原的基本特性

抗原具有抗原性，由免疫原性和反应原性两个方面组成。

（1）免疫原性，是指能刺激免疫系统产生抗体或致敏淋巴细胞的能力。具有这种能力的物质称为免疫原，由于抗原具有免疫原性而成为一切免疫应答（如体液免疫、细胞免疫和免疫耐受等）的启动物质，抗原对抗体的免疫效应既可引起免疫保护作用（如疫苗接种），也可引起免疫病理损害（如过敏反应）。

（2）反应原性，是指与特异性免疫应答产生的抗体或致敏淋巴细胞发生特异性结合反应的能力。免疫原性和反应原性统称为抗原性。

既有免疫原性又有反应原性者称为完全抗原，只有反应原性而没有免疫原性者称为不完全抗原（半抗原）。抗原和免疫原是两种不同的概念，后者专指完全抗原，前者则包括半抗原。

2. 抗原决定簇

又称抗原表位，是抗原分子表面具有特殊立体构型和免疫活性的化学基团。是免疫应答特异性的物质基础。抗原分子表面抗原决定簇的数目被称为抗原结合价。只有一个抗原决定簇的抗原，叫单价抗原；含有多个抗原决定簇的抗原叫多价抗原。共有抗原组成或决定簇会使两种抗原成为交叉抗原，它们会与相应抗体相互之间发生交叉反应。

3. 抗原的分类

根据抗原性质可分成完全抗原和不完全抗原；根据抗原来源而分，可分为异种抗原、同种异体抗原、自身抗原、异嗜性抗原；还有包括细菌抗原和病毒抗原的微生物抗原。微生物具有多种抗原成分，但其中只有 1~2 种抗原成分刺激机体产生的抗体具有免疫保护作用，这些抗原称保护性抗原，功能性抗原。如大肠杆菌的菌毛抗原 K88、K99；口蹄疫病毒的 VP1。

（二）抗体（Ab）

动物机体受抗原物质刺激后，由 B 淋巴细胞转化为浆细胞产生的，能与相应抗原发生特异性结合反应的免疫球蛋白。免疫球蛋白是指存在于人和动物血液（血清）、组织液及其他外分泌液中的一类具有相似结构的球蛋白，根据抗体化学结构和抗原性不同可分为 IgG、IgM、IgA、IgE 和 IgD 等多种（家畜只有前 4 种，家禽只有前 3 种）。抗体主要存在于血液及其他体液（包括组织液）和外分泌液中，还可分布于 B 淋巴细胞膜表面。虽然所有的抗体都是免疫球蛋白，但并非所有的免疫球蛋白都是抗体。

1. 抗体的种类

（1）免疫抗体：由于病原微生物的感染或接种抗原而产生的抗体。

（2）天然抗体：系指机体非经免疫接种而固有的一类抗体，是由基因遗传决定产生。如血型抗体。

（3）完全抗体：能与相应的抗原进行特异性结合，在特定条件下出现可见反应的抗体。

（4）不完全抗体：能与相应的抗原进行特异性结合，在特定条件下不出现可见反应的抗体。

（5）多克隆抗体（PcAb）：采用传统的免疫方法，将抗原物质经不同途径进入动物体内，经免疫后，分离出血清，由此获得的抗血清即为多克隆抗体。

（6）单克隆抗体（McAb）：由一个 B 细胞分化增殖的子代细胞（浆细胞）产生的针对单一抗原决定簇的抗体，称为单克隆抗体。

（7）抗抗体：以提纯的免疫球蛋白，免疫异种动物而制备的一种抗体。

2. 抗体的结构

抗体的结构为单体分子结构，所有种类的 Ig 的单体分子结构都是相似的，即是由两条相同的重链和两条相同的轻链四条肽链构成的 "Y" 字形的分子。

（三）免疫反应

抗体与相应抗原在体内或体外都能发生特异性结合，并根据抗原的性质，反应的条件和参与反应的因素等，表现出各种各样的反应，统称为免疫反应。在体内发生的免疫反应，主要是排斥异物，维持机体的正常生理平衡；在体外发生的免疫反应，又分体液免疫反应和细胞免疫反应，因抗体主要来自血清，因此，在体外进行的抗原抗体反应称为血清学反应或免疫血清学技术。

免疫反应可分为两个阶段。第一阶段为抗原与抗体的特异结合阶段，反应发生快，于几秒钟至几分钟即可完成，但没有反应出现。第二阶段为抗原与抗体反应的可见阶段，表现为沉淀、凝集、补体结合、溶解、粘连或排斥等，这一反应进行较慢，且受电解质、温度、酸碱度等因素的影响。在实际上两个阶段往往是重叠不能严格的分开。

抗原与抗体反应不仅具有高度的特异性，而且还有高度的敏感性，不仅可用于定性，还可以检测极微量的抗原或抗体，其敏感程度大大的超过当前所应用的化学方法。按照反应的性质，可将血清学反应分为凝聚性反应如凝集反应和沉淀反应等，有补体参与的反应如溶菌反应、溶血反应、补体结合反应、单扩散溶血反应、团集反应、免疫粘连红细胞凝集反应；与活体有关的中和试验如毒素—抗毒素中和反应、病毒—抗病毒血清中和反应；标记抗体技术如荧光抗体、酶标记抗体、同位素标记抗体、铁蛋白标记抗体等。上述反应，近十余年来，凝聚性反应和标记抗体技术发展很快，其应用范围越来越广，已成为微生物学和免疫学领域研究的重要工具。

四、免疫应答

免疫应答是动物机体免疫系统识别病原微生物等各种异物，并把它们杀死和降解的过程。

（一）免疫应答的种类

根据其进化程度、识别能力和清除效率可将免疫应答分为非特异性免疫应答和特异性免疫应答两大类。

1. 非特异性免疫应答

是先天的、遗传的，其识别功能较特异性免疫低，对异物无特异区别作用，而只能识别自身与非自身，没有再次反应和记忆，主要表现为吞噬作用和炎症反应。但非特异性免疫是特异性免疫的基础。它发挥作用快、作用范围广，初次与外来异物接触时即可发生反应，起第一线防御作用，以后随着特异性免疫应答的形成，非特异性免疫又可一起协同作用。非特异性免疫因素有皮肤与黏膜等屏障结构、补体和干扰素等组织和体液中的抗微生物物质及吞噬细胞和自然杀伤细胞。

2. 特异性免疫应答

是机体受到抗原刺激后，其淋巴细胞选择性地活化、增殖和分化，并产生免疫效应的特异性应答过程。特异性免疫又叫获得性免疫，是后天获得的，由抗原刺激所引起，具有高度的分辨力和强大的清除功能，再次遇到同一抗原时机体免疫应答速度加快。特异性免疫应答的特点：一是具有严格的特异性，只针对该特异性抗原物质；二是有一定的免疫期，短则 1~2 个月，长则维持终身。特异性免疫有体液免疫和细胞免疫，抗胞外菌感染以体液免疫为主，抗胞内菌感染以细胞免疫为主。抗病毒免疫中体液和细胞免疫都重要，预防病毒病再传染，主要靠体液免疫，而病毒病的恢复主要靠细胞免疫。

（二）免疫应答的作用

在免疫功能正常条件下，机体对非己抗原可形成细胞免疫及体液免疫，排除异己，发挥正常免疫效应；而对自身抗原则形成自身耐受，不产生排己效应。故机体可维持其自身免疫的稳定性。如其免疫功能异常，则机体会对非己抗原产生高免疫应答，导致变态反应的发生，造成机体组织的免疫损伤，或产生免疫耐受性，降低机体抗感染免疫及抗肿瘤免疫的能力，常可形成自身免疫病。正常免疫应答及异常免疫应答实质上是受机体素质和机体内外因素的应答来决定的。因此，在不同的条件下，免疫应答过程既可产生免疫保护作用，亦可产生免疫病理作用。

（三）免疫应答的过程

可以分为以下 3 个阶段。

1. 识别阶段

T 细胞和 B 细胞分别通过 TCR 和 BCR 精确识别抗原，其中 T 细胞识别的抗原必须由抗原提呈细胞来提呈。

2. 活化增殖阶段

识别抗原后的淋巴细胞在协同刺激分子的参与下，发生细胞的活化、增殖、分化，产生效应细胞（如杀伤性 T 细胞）、效应分子（如抗体、细胞因子）和记忆细胞。

3. 效应阶段

由效应细胞和效应分子清除抗原。

五、抗感染免疫

感染是指病原体侵入机体，在体内繁殖，释放出毒素、酶，或侵入细胞组织，引起细胞组织乃至器官发生病理变化的过程。这一过程同时也交织着机体的特异性免疫应答和非特异性防御功能。当非特异性免疫不能阻止侵入的病原体生长、繁殖并加以消灭时，机体对该病原体的特异性免疫即逐渐形成，这就大大加强了机体抗感染的能力，直到感染终止。

1. 细胞外细菌感染的免疫

多为急性感染，其抗感染免疫以体液免疫为主，主要表现有。

（1）中和作用。细菌的外毒素（或类毒素）能刺激机体 B 细胞产生特异性抗体，即抗毒素。抗毒素能中和外毒素的毒性作用。在体内抗毒素与易感细胞受体可竞争性的与外毒素结合。当抗毒素与毒素结合后便能阻止毒素与宿主感受细胞上的受体结合，因而对破伤风和肉毒梭菌中毒等引起的中毒性疫病需尽早使用抗毒素治疗，否则一旦毒素首先与细胞受体结合，抗毒素也就丧失了中和作用。

（2）溶菌、杀菌作用。体液中含有抗体、补体和溶菌酶等多种杀菌因素，能消灭未被吞噬的细菌。血清中的杀菌抗体与细菌表面抗原结合可激活补体，引起细菌细胞膜损伤而达到溶菌。与此同时，溶菌酶破坏细菌表层的黏多糖，补体能直接作用于细菌细胞上，导致多数革兰氏阴性菌溶解，从而共同起到溶菌与杀菌作用。

（3）调理吞噬作用。对有荚膜的细菌，抗体直接作用于荚膜抗原，使其失去抗吞噬能力，从而易被吞噬细胞所吞噬和消化。对无荚膜的细菌抗体作用于 O 抗原，通过 IgG 的 Fc 片段与巨噬细胞上的受体结合，以促进其吞噬活性。抗体（IgG、IgM）与细菌结合后又可活化补体，然后通过活化的补体成分与巨噬细胞表面的受体结合，增强其吞噬作用。

2. 抗胞内菌感染的免疫

胞内菌感染的免疫主要是细胞免疫。结核分枝杆菌、布鲁氏菌等胞内病原菌的感染多呈慢性感染，病程缓慢，对它们的抗感染免疫主要依赖细胞介导免疫，而且只有在它们自细胞内释放出而又未被吞噬细胞吞噬之前的片刻，抗体和其他体液因子才能起作用。胞内病原体进入体内后，嗜异性粒细胞及吞噬细胞均不能将其杀死，细菌不仅能存活繁殖，反而能随吞噬细胞的游动而转移到体内其他部位。在细菌侵入后，细菌抗原在体内刺激淋巴细胞产生抗菌抗体及致敏淋巴细胞。致敏淋巴细胞在抗原的再次作用下释放出多种淋巴因子，能吸引与激活巨噬细胞，增强其杀灭胞内菌的功能，但是，这种杀灭往往不彻底，不能消除感染，从而导致长期的潜伏感染。这时一般没有临床表现，但在机体免疫功能低时，胞内菌又能重新活动。

六、免疫抑制

免疫抑制是临床多见的病理现象，对养殖业危害严重。出现免疫抑制时，首先是畜禽的生理代谢受到限制，生长发育受到影响，养殖成本大幅度上升；其次是免疫系统受到损害，参与免疫应答的器官、组织和细胞受到破坏，抗原的递呈受到干扰，抗体的形成被抑制或阻断，机体的屏障保护功能减弱或丧失，导致畜禽继发或并发多种疾病，严重时可引起大批死亡；最后，发生免疫抑制性传染病时，间接危害尤其严重。营养不全、应激反应、饲养制度不合理、用药不当、毒素侵害、感染疾病都会造成免疫抑制。

七、免疫学在兽医实践上的应用

应用免疫学的基本理论和技术，将病原微生物或其代谢产物制成生物药品，用于诊断、预防和治疗传染病，在兽医工作实践中具有重要意义。

（一）免疫诊断

用以诊断传染病的生物制品，称为诊断液，常用的方法有血清学诊断和变态反应诊断两种。

1. 血清学诊断

可用已知抗原（诊断液）鉴定未知抗体，也可用已知血清（抗体）鉴定未知抗原。前者常用于布氏杆菌病及马传传染性贫血病的诊断，后者常用于炭疽病的诊断及口蹄疫等的诊断定型。

2. 变态反应诊断

用已知变态原给家畜点眼，皮内（或皮下）注射，视被检家畜是否发生特异性变态反应，以资诊断。如用鼻疽菌素诊断鼻疽，用结核菌素诊断结核等。

（二）免疫预防

动物疫病的预防和控制主要依靠疫苗，这是免疫学在兽医学上的重要应用。传统疫苗在动物疫病防治中已发挥了巨大作用。我国牛瘟、牛肺疫的消灭归功于疫苗的使用，目前，危害严重的烈性传染病如猪瘟、鸡新城疫等多种疫病的控制也主要依靠疫苗。

基因工程技术、人工合成肽技术等一些分子生物学技术引入到疫苗研究领域，使疫苗的生产发生了根本性的变化，使新一代的生物技术疫苗纷纷问世。如基因工程亚单位苗、基因工程活载体疫苗、基因缺失疫苗、合成肽疫苗和抗独特型抗体疫苗等。它们与传统疫苗相比具有无可比拟的优越性。有些病原的生物技术疫苗已经在动物防疫工作中开始广泛应用，这些疫苗的应用必将使动物防疫工作上升到一个新的高度。

（三）免疫治疗

抗血清被动免疫可用于动物传染病的紧急预防和治疗。一些毒素性疫病如破伤风和某些病毒性疫病如传染性法氏囊病等均可应用抗血清进行治疗。此外，一些免疫增强剂在兽医上的应用也是免疫治疗的一个方面。

第三节 动物病理学基础知识

一、动物疾病的概念和特征

（一）概念

是指动物机体受到内在或外界致病因素和不利的影响作用而产生的一系列损伤与抗损伤的斗争过程，疾病破坏动物机体内外平衡，使代谢、功能和组织细胞结构等发生改变，动物生产力下降。表现为局部、器官、系统或全身的形态变化和（或）功能障碍。

（二）基本特征

①动物疾病是致病因素与机体相互作用的结果。

②动物疾病有其特征和症状。

③动物疾病的发生发展有其规律性。

④动物疾病是以局部变化为主的全身性反应。

⑤动物疾病的基本矛盾是损伤与抗损伤斗争。

二、动物疾病发生的原因和过程

引起疾病发生的原因多种多样，相当复杂，概括起来大致可分为外因和内因两大类。

（一）动物疾病发生的外因

外界环境中各种致病因素对机体的作用，称为疾病的外因，包括以下五种。

1. 生物性因素

是指致病的微生物（如病毒、细菌、霉形体、衣原体、立克次氏体、真菌）和寄生虫（如原虫、蠕虫、节肢动物）等。它们入侵机体后主要通过产生有害的毒性物质和蛋白分解酶等而造成病理性损伤。寄生虫则可通过机械性阻塞，产生毒素，破坏组织，掠夺营养以及引起过敏反应而危害机体。它们可引起动物各种传染病和寄生虫病。控制和消灭这一致病因素是我们工作的重点。

2. 化学因素

能够对机体产生致病作用的化学因素很多，有强酸、强碱、重金属盐类、农药、化学药剂、毒草等，化学性致病因素还可来自体内，如各种病理性代谢产物（动物性毒素等）。目前，已知有1 000余种化学物质能引发动物中毒。依据化学毒物来源的不同，可分为外源性毒物和内源性毒物两类。

（1）外源性毒物，是通过污染的饮水、饲料、草场、植被、空气等引起动物中毒。

（2）内源性毒物，是机体自身代谢所产生的，比如腐败的肠道内容物、脓汁、坏死组织的崩解产物、氧化不完全产物等。

3. 物理性因素

包括机械因素、温度因素、气压、电流、光敏作用、辐射等。只要它们达到一定的强度和作用时间，都可以使机体发生物理性损伤。如：机械力，由于其性质、作用部位和强度不同，可以发生各种性质不一的损伤，如挫伤、创伤、扭伤、骨折、脱臼和振荡等，其后果除引起局部的机能障碍及代谢改变外，严重时可引起全身的重大变化。又如，高温，当机体局部接触到40℃以上的高温物体时，局部可发生不同程度的烧伤、红肿、水泡，甚至由于蛋白凝固，细胞死亡可引起结痂和炭化等。长久暴露于寒冷的环境中机体局部可形成冻伤。触电可引起电击伤，放射线可引起放射病等。

4. 营养性因素

动物机体由于某些营养物质缺乏或摄取过多时可以引起疾病。比如，蛋白质缺乏可引起水肿、贫血和全身萎缩，缺乏维生素 E 和微量元素硒，就会引起脑软化、渗出性素质或白肌病；马和牛如果贪食豆类，可发生胃扩张和瘤胃臌气，鸡的日粮中如果添加过多的蛋白质就会引起痛风等。

5. 环境中的过敏原和应激源

凡能引起动物发生过敏反应的物质（抗原），称为过敏原，如各种花粉、烟尘等，但动物是否产生过敏反应首先取决于是否有遗传决定的过敏性素质。动物产生异常应激反应的致病因素如长途运输、过度拥挤都可称为应激源。

（二）动物疾病发生的内因

动物疾病的发生、发展，除与外因有直接关系外，更与机体的防御功能、免疫功能、机体反应性、营养状况、应激能力、遗传因素等内因有着密切的关系。

1. 防御功能和免疫功能降低

（1）屏障功能降低。机体屏障具有保护器官和防止病原体入侵的功能。当动物的皮肤、黏膜的完整性和生理功能遭到破坏时，则失去屏障作用，易发生感染性疾病；血脑屏障能够阻止细菌、某些病毒及大分子物质进入脑脊液，胎盘屏障能阻止母体内的有害物质进入胎儿血液循环，保护胎儿不受伤害，当这些屏障功能受损或下降时，很容易发生一些疾病。

（2）吞噬和杀菌功能降低。当结缔组织中的组织细胞、肝脏枯否氏细胞、肺的尘细胞、脾和淋巴细胞结中的网状细胞、中枢神经小胶质细胞和血液中单核细胞等单核巨噬细胞系统，失去吞噬、消化病原体和异物的作用；或嗜中性粒细胞和嗜酸性粒细胞减少时，病原体、抗原抗体复合物及病理产物的吞噬和消化能力就会降低，进而导致疾病发生。

（3）特异性免疫机能降低。当 T 淋巴细胞减少或功能不足时，容易发生病毒、霉菌和细胞内的一些寄生菌感染，还有可能引发恶性肿瘤；当 B 淋巴细胞减少或功能不足时，容易发生细菌特别是化脓菌感染。

（4）解毒功能降低。肝脏是动物最大的解毒器官。如果肝脏受到损伤，进入机体的各种有毒物质，就会因不能经肝脏完全氧化、还原、甲基化、乙酰化、脱氨基等加工，生产硫酸酯和葡萄糖醛酸酯等无毒物质排出而引发相应的疾病。

（5）排毒功能降低。动物的肾脏、消化道和呼吸道，可将进入机体或体内产生的有害物质排出体外。如果这些器官受损而导致排毒过程受阻，就会引起相应的疾病。

2. 机体反应性改变

机体反应性是指对各种刺激的反应性。机体反应性不同，对致病因素的感受性和抵抗力也不一样，这就决定了动物能否发病

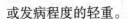

或发病程度的轻重。

（1）种属反应。不同种属的动物，对同样致病因素刺激的反应性不同，对致病因素的感受性和抵抗力也不一样，这就决定了动物能否发病或发病程度的轻重。

（2）品种与品系反应。同类动物因品种与品系不同，对相同致病因素反应性亦不同。有的品种或品系的鸡对白血病敏感，而其他品种或品系的鸡却有较强的抵抗力。

（3）个体反应。同种动物不同的个体对致病因素刺激的反应性不同。比如动物群中发生同一种传染病时，有的病重，有的病轻，有的不发病。

（4）年龄反应性。某些疾病的发生在年龄上有较大的差异。如幼龄猪易发生副伤寒，而成年猪则不发生；雏鸡发生白痢而成鸡就不发生。

（5）性别反应性。不同性别的动物，由于器官组织结构的差异和内分泌的不同，对疾病的反应性也不同。比如，鸡白血病雌性比雄性发生率高。

3. 机体应激功能降低

应激反应是指机体突然受到强烈的有害刺激时，交感神经—肾上腺髓质系统的活动大大增强的反应。通过应激反应，可以提高机体的适应能力，维持机体的平衡状态。当应激能力降低时，动物的适应性就会降低，引起应激性疾病。

4. 遗传因素的影响

科研工作者通过大量的研究，发现许多疾病的发生与遗传因素有关。比如，某些动物发生的唇裂、多脂或少脂、猪的长鼻子等都是遗传性疾病。

（三）动物疾病发生的过程

动物疾病从发生到结束叫疾病发生的过程。因为不同动物个体抵抗力的不同以及致病因素强弱的不同，疾病会出现不同的发展阶段，一般可以分为潜伏期、前驱期、临床明显期和转归期四个阶段。转归期是疾病的最后阶段，若机体的防御、代偿适应和修复能力占绝对优势时，则疾病好转或痊愈，反之，病理损伤占绝对优势时，则疾病恶化甚至死亡。即出现完全康复、不完全康复和死亡三种结局。

三、疾病发展的一般规律

（一）疾病是损伤与抗损伤斗争的结果

损伤与抗损伤是疾病发生、发展过程中主要矛盾的两个方面，二者伴随疾病发展的全过程，并相互依存、相互斗争和相互转化，对疾病能否发生、发展起着决定性作用。如果损伤占优势，疾病就发展、恶化或死亡；抗损伤占优势，疾病就好转康复。

（二）疾病过程中的因果转化规律

因果转化是疾病发生发展的基本规律之一。原始病因作用于机体后，产生一定的病理变化，即为原始病因作用的结果，而这个结果又可能成为疾病过程中新的发病原因，再引起新的病理变化，成为新的结果。原因与结果交替出现，相互转化形成连锁式发展过程，即为因果转化规律。

第四节　动物传染病学基础知识

动物传染病是对养殖业危害最严重的一类疾病，动物传染病学是研究动物传染病发生和发展的规律，以及预防与消灭这些传染病方法的科学，在兽医科学技术研究中居首要位置。

一、传染病的概念

传染：病原微生物侵入动物机体，并在一定的部位定居，生长繁殖，从而引起一系列病理反应，这个过程叫作传染，也叫作传染过程，有的称为感染。动物不呈现任何临床症状的叫隐性传染，出现症状的叫显性传染。

传染病：由病原微生物引起，具有一定潜伏期和临床表现，具有传染性的疾病叫作传染病。

二、动物传染病的特征

在临床上，不同传染病的表现千差万别，同一种传染病在不同种类的动物上的表现也是多种多样，甚至对同种动物不同个体的致病作用和临床表现也有所差异。但与非传染性疾病相比，传染病具有以下共同特征。

（一）由特定的病原体引起

传染病是在一定环境条件下由病原微生物与机体相互作用所引起的。每一种传染病都有其特异的致病微生物存在，如猪瘟是由猪瘟病毒引起的，没有猪瘟病毒就不会发生猪瘟。

（二）具有传染性和流行性

从被感染动物体内排出的病原体侵入另一有易感性的动物体内，能引起同样症状的疾病。这是传染病与非传染病相区别的一个重要特征。

（三）机体发生特异性反应

动物在感染某种传染病的过程中，由于病原微生物所含抗原物质的刺激，引起动物机体产生相应的特异性抗体和免疫反应。这种特异性抗体和免疫反应可以用血清学方法或变态反应法检查出来。

（四）耐过动物能获得特异性免疫

耐过传染病后，在大多数情况下均能产生特异性免疫，使机体在一定时期内或终生不再患该种传染病。

（五）具有特征性的临床表现

大多数传染病都具有各自特定的潜伏期、特征性的症状和病理变化及病程经过。

（六）具有明显的流行规律

传染病在动物群体中流行时都有一定的时限，而且许多传染病都表现出明显的季节性和周期性。

三、动物传染病的流行规律

动物传染病的流行过程是传染病在动物群体中的发生、蔓延和终止的过程，即从动物个体感染发病到群体感染发病的发展过程。传染病能够通过接触感染，也可通过媒介物在易感动物群中互相感染，这一特性称为流行。

（一）传染病流行过程3个基本环节

传染病流行必须具备传染源、传播途径和易感动物3个基本条件。

1. 传染源

是指体内有某种病原体寄居、生长、繁殖，并能排出体外的动物机体。按照动物机体感染病原微生物后的表现状态不同，通常可将传染源分为患病动物和病原携带者。

患病动物是最重要的传染源，但不同发病阶段的患病动物的传染作用则需要根据病原体排出状况，排出数量和频率来确定。前驱期和症状明显期的病畜因能排出病原体且具有症状，尤其是在急性过程或者病程转剧阶段可排出大量毒力强大的病原体，因此，作为传染源的作用也最大。潜伏期和恢复期的病畜是否具有传染源的作用，则随病种不同而异。各种传染病的病畜隔离期就是根据传染期的长短来制定的。为了控制传染源，对病畜原则上应隔离至传染期终了为止。

病原携带者又称带菌（毒）动物，是指外表无症状，但能

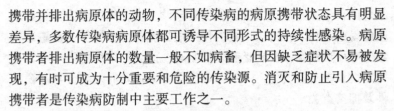

携带并排出病原体的动物，不同传染病的病原携带状态具有明显差异，多数传染病病原体都可诱导不同形式的持续性感染。病原携带者排出病原体的数量一般不如病畜，但因缺乏症状不易被发现，有时可成为十分重要和危险的传染源。消灭和防止引入病原携带者是传染病防制中主要工作之一。

2. 传播途径

病原体由传染源排出后，再侵入其他易感动物所经历的路径称为传播途径。按病原体更换宿主的方法，可将传播途径归纳为水平传播和垂直传播。水平传播是指病原体在动物之间横向平行传播的方式，而垂直传播则是病原体从亲代到子代的传播方式。

（1）水平传播。即传染病在群体之间或个体之间以水平形式横向平行传播，包括直接接触和间接接触传播两种方式。

直接接触传播：是指在没有外界因素参与的前提下，通过传染源与易感动物直接接触如交配、舔、咬等引起病原体传播。如狂犬病，其流行特点是一个接一个地发生，形成明显的链锁状，一般不易造成广泛的流行。

间接接触传播：是指病原体必须在外界因素参与下通过传播媒介侵入易感动物的传播。

传播媒介是指将病原体从传染源传播给易感动物的各种外界因素，包括生物和无生命的物体。

大多数传染病如口蹄疫、牛瘟、猪瘟、鸡新城疫等都以间接接触为主要传播方式，同时也可以通过直接接触传播。两种方式都能传播的传染病称为接触性传染病。

间接接触传播一般通过如下几种主要传播途径。

①经空气传播。空气散播主要是以飞沫、飞沫核或尘埃为媒介。经飞散于空气中带有病原体的微细泡沫而进行的传播称为飞沫传播。所有的呼吸道传染病主要是通过飞沫而传播的，如口蹄疫、结核病、猪气喘病、鸡传染性喉气管炎等。经空气传播的传

染病因传播途径易于实现，病例常连续发生，患者多为传染源周围的易感动物。在潜伏期短的传染病如流行性感冒等，易感动物集中时可形成暴发。缺乏有效控制时，此类传染病的发病率多有周期性和季节性变化，一般以冬春季多见。病的发生常与畜舍条件及拥挤有关。

②经污染的饲料和水传播。以消化道为主要侵入门户的传染病。传染源的分泌物、排出物和病畜尸体及其污染的饲料、牧草、饲槽、水池、水井、水桶等，或由某些污染的管理用具、车船、畜舍等辗转污染了饲料、饮水而传给易感动物。

③经污染的土壤传播。主要指土壤性病原微生物，如炭疽、破伤风等病原微生物随粪便一起落入土壤中，其芽胞抵抗力很强，能在土壤中长期生存。

④经活的媒介物传播。非本种动物和人类也可能作为传播媒介，主要包括节肢动物、野生动物和人。

节肢动物，如虻类、蠓、蚊、螫蝇、家蝇、蜱、虱、螨和蚤等，其传播主要是机械性的，亦有少数是生物性传播。它们都是主要的吸血昆虫，可以传播炭疽、气肿疽、土拉杆菌病、马传染性贫血等败血性传染病。蚊能在短时间内将病原体转移到很远的地方去，可以传播各种脑炎和猪丹毒等。库蠓可以传播蓝舌病和非洲马瘟等。

饲养人员、兽医、其他工作人员以及外来人员等在工作中如不注意遵守防疫卫生制度，自身或使用的工具消毒不严格，则容易传播病原体。如兽医的体温计、注射针头以及其他器械消毒不严。人也可成为某些人畜共患病如结核病、布鲁氏菌病等的传染源。

（2）垂直传播。即从亲代到其子代之间的纵向传播形式，传播途径包括：胎盘传播、经卵传播和产道传播，例如，猪瘟、禽白血病、鸡沙门氏菌病、大肠杆菌、葡萄球菌、链球菌、沙门氏菌和疱疹病毒等。一般归纳为以下三种途径。

①经胎盘传播。经胎盘传播是指产前被感染的怀孕动物通过胎盘将其内病原体传给胎儿的现象。可以胎盘传播的疾病有猪瘟、猪细小病毒感染、伪狂犬病、衣原体病、日本乙型脑炎、布鲁氏菌病、钩端螺旋体病等。

②经卵传播。经卵传播是指携带病原体的种禽，卵子在发育过程中能将其中的病原体传给下一代的现象。可以种蛋传播的病原体有禽白血病病毒、禽腺病病毒、禽脑脊髓炎病毒和鸡白痢、沙门氏菌等。

③分娩过程的传播。分娩过程的传播是指存在于怀孕动物阴道和子宫颈的病原体在分娩过程中造成新生胎儿感染的现象。可经产道传播的病原体主要有大肠杆菌、葡萄球菌、链球菌、沙门氏菌和疱疹病毒等。

3. 群体易感性（易感动物）

动物易感性是指动物个体对某种病原体缺乏抵抗力、容易被感染的特性。动物群体易感性是指一个动物群体作为整体对某种病原体感受性的大小程度。

家畜易感性的高低虽与病原体的种类和毒力有关，但主要还是由动物的遗传特征、特异免疫状态等因素决定的。气候、饲料、饲养管理、卫生条件等外界环境条件都可能直接影响到动物群体的易感性和病原体的传播。免疫注射的目的就是将易感动物变为不易感动物。

传染源、传播途径、易感动物也称传染病流行的 3 个基本环节。3 个基本环节还必须相互连接，传染病才能流行。因此，针对 3 个基本环节采取有效措施，消除传染源，切断传播途径，增强动物抵抗力，就可以中断或杜绝传染病的流行，这在控制和消灭传染病中有重要的指导意义。

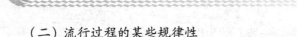

（二）流行过程的某些规律性

1. 流行过程的表现形式

在动物传染病流行过程中，根据在一定时间内发病率的高低和传播范围的大小（即流行强度），分以下4种表现形式。

（1）散发性。在一个较长的时间内只有零星病例以散在的形式发生，而且各个病例在时间和空间上没有明显联系的现象，如：破伤风、放线菌等。

（2）地方流行性。局限于一定的地区或一个动物群体，又有一定规律性发生的传染病，比散发性发病数量多，传播范围不大，可称为地方性流行。如炭疽、气肿疽的芽胞污染了的地区，成了常在疫源地，如果防疫工作做得不好，每年都可能出现一定数量的病例。

（3）流行性。发病动物数量多，在较短时间内可传播到几个乡或几个县、甚至几个省。这类传染病的传染性强、传播范围广、发病率高，并且多呈急性经过。如口蹄疫、犬瘟热、新城疫等常表现为流行性。"暴发"一般是指在局部范围的一定动物群中，短期内突然出现较多病例的现象。

（4）大流行。发病数量很大，传播范围可波及一个国家或几个国家甚至整个大陆。如历史上的口蹄疫、牛瘟等都曾出现过这种流行形式。

上述几种流行形式之间的界限是相对的，不是固定不变的。

2. 流行过程的季节性和周期性

（1）季节性。某些动物传染病经常发生于一定的季节，或在一定季节出现发病率显著上升的现象，称为流行过程的季节性。出现季节性的原因有以下几种。

①季节对病原体在外界环境中存在和散播的影响。夏季气温高，日照时间长，这对那些抵抗力较弱的病原体在外界环境中的存活是不利的。例如，炎热的气候和强烈的日照，可使散播在外

界环境中的口蹄疫病毒很快失去活力。因此，口蹄疫的流行一般在夏季减缓或平息。

②季节对活的传播媒介的影响。夏季炎热季节，蚊、蝇、虻类等吸血昆虫大量孳生，活动频繁，凡是能由它们传播的疾病都比较容易发生。如猪丹毒、日本乙型脑炎等。

③季节对动物的活动和抵抗力的影响。冬季动物舍内温度降低、湿度增高、通风不良，容易促使经由空气传播的呼吸道传染病暴发流行，如猪喘气病等。

（2）周期性。有些传染病经过一定的间隔时期（通常数年）还可能表现再度流行，这种现象称为传染病的周期性，如口蹄疫等。

掌握传染病的流行过程的季节性和周期性，对于确诊有意义，还能帮助我们掌握疫病的发展规律，以便采取适当的防治措施，使之不发生季节性或周期性流行。

（三）影响传染病流行的因素

1. 自然因素

主要包括地理位置、气候、植被、地质水文等，它们对流行过程的3个环节传染源、传播媒介、易感动物发生复杂作用。自然因素对传播媒介的作用最为明显。如气候温暖的夏秋季节，蚊、牛虻等吸血昆虫数量多、活力强，容易发生吸血昆虫传播的传染病，如乙型脑炎等病例明显增多。在寒冷潮湿季节，有利于气源性感染，呼吸道传染病在冬春季发病常常增高。

2. 社会因素

影响动物传染病流行过程的社会因素主要包括社会的政治、经济制度、生产力和人们的经济、文化、科学技术水平以及贯彻执行法规的情况等。

四、动物传染病的发展阶段

动物传染病的病程发展过程在大多数情况下，都有严格的规律性，一般分以下4个阶段。

（一）潜伏期

从病原微生物侵入动物机体开始到疾病的第一个症状出现为止，这个阶段称为潜伏期。各种传染病的潜伏期都不相同，如炭疽的潜伏期最短数小时，最长14天，平均2~3天；水貂犬瘟热潜伏期最短7天，最长27天，平均9~14天；结核病潜伏期最短为1周，最长数月，平均16~45天。即使同一种传染病，潜伏期的长短也有一定的变动范围。一般急性传染病潜伏期较短、变动范围较小，而慢性传染病潜伏期较长、变动范围较大。同一种传染病，潜伏期短促时，病情常较严重，反之，潜伏期延长时，病情较轻缓。潜伏期的长短经常受以下因素影响。

1. 病原微生物的数量与毒力

数量多、毒力强则潜伏期短，反之则潜伏期长。

2. 动物机体的生理状况

动物机体抵抗力强则潜伏期长，反之潜伏期则短。

3. 病原微生物侵入的途径和部位

如狂犬病病毒侵入机体的部位越靠近中枢神经系统，则潜伏期越短。了解各种传染病的潜伏期，在防疫工作中具有重要的实践意义。几种重要传染病的平均潜伏期：炭疽2~3天；口蹄疫2~4天；结核病16~45天；猪瘟7天、鸡新城疫3~6天，马传染性贫血10~30天。

（二）前驱期

为疾病的预兆阶段，其特点是表现有一般的临床症状，如体温升高、呼吸和脉搏次数增加，精神和食欲不振等，该病的特征性临床症状未出现。各种传染病和各个病例的前驱期长短不一，一般是数小时或 1～2 天。

（三）明显期

为疾病充分发展阶段，作为某种传染病特征的典型临床症状明显地表现出来，在诊断时比较容易识别。

（四）转归期

为疾病发展的最后阶段。如果病原微生物致病能力增强或动物机体的抵抗力减弱，则动物转归死亡。如果动物机体的抵抗力得到改进和增强，则临床症状逐渐消退，体内的病理变化也逐渐减轻，生理机能渐趋恢复正常，并获得一定时期内的免疫。在病后一定时间内还可以带菌（毒）排菌（毒），成为潜在的传染源。

五、疫源地和自然疫源地

（一）疫源地

有传染源及其排出的病原体存在的地区称为疫源地。疫源地的含义要比传染源的含义广泛得多，除包括传染源之外，还包括被污染的物体、房舍、牧地、活动场所，以及这个范围内怀疑有被传染的可疑动物群和贮存宿主等。在防疫方面，对于传染源采取隔离、治疗或扑杀处理；而对于疫源地则除以上措施外，还应包括污染环境的消毒，杜绝各种传播媒介，防止易感动物感染等一系列综合措施。目的在于阻止疫源地内传染病的蔓延和杜绝向外散播，防止新疫源地的出现，保护广大的受威胁区和安全区。

根据疫源地范围大小，可分别将其称为疫点或疫区。通常将范围小的疫源地或单个传染源所构成的疫源地称为疫点。若干个疫源地连成片且范围较大时称为疫区，但疫点与疫区的划分不是绝对的。

（二）自然疫源性

有些病原体在自然条件下，即使没有人类或家畜的参与，也可以通过传播媒介（主要是吸血昆虫）感染宿主（主要是野生脊椎动物）造成流行，并且长期在自然界循环延续其后代。人和家畜疫病的感染和流行，对其在自然界的保存来说不是必要的，这种现象称为自然疫源性。具有自然疫源性的疾病，称为自然疫源性疾病。存在自然疫源性疾病的地方称为自然疫源地，即某些可引起人畜传染病的病原体在自然界的野生动物中长期存在和循环的地区。

自然疫源性人兽共患传染病主要有：狂犬病、伪狂犬病、犬瘟热、流行性乙型脑炎、口蹄疫、布鲁氏菌病、李氏杆菌病、钩端螺旋体病等。

六、动物流行病学调查

流行病学调查与分析是研究传染病流行规律的主要方法。目的在于揭示传染病在动物群中发生的特征，阐明传染病的流行原因和规律，以做出正确的流行病学判断，迅速采取有效措施，控制传染病的流行，流行病学调查与分析也是探讨原因未明的传染病病因的一种重要研究方法。

（一）调查目的

查明发病原因；评价防疫措施；控制疫情、消灭疫源地。

（二）调查分类

1. 根据调查对象和目的的不同，流行病学调查一般分为个例调查、流行（或暴发）调查和专题调查

2. 根据检测材料的不同，流行病学调查分为临床流行病学调查、血清流行病学调查和病原学流行病学调查

（三）调查方法和内容

主要是通过情况汇总、现场询问、现场观察、现场检查及标本采集等方法搞清楚流行过程中的 3 个环节、两个因素。

1. 制定调查表

包括以下内容。

（1）一般项目。畜主、畜别、数量、年龄、地点等。

（2）临床资料。发病日期、发病数量、主要症状等。

（3）剖检变化。

（4）流行病学资料病前接触史。可能受感染的日期、动物流动情况、致死率、病程、饲养管理情况、传染源、传播途径、预防接种史等。

（5）防疫情况。对3个环节采取了哪些措施，效果如何。

（6）实验室检查。

（7）结论。

2. 情况汇总、现场询问

3. 现场检查及标本采集

4. 现场检验

（四）流行病学分析中常见的几种统计指标

1. 发病率

是表示畜禽中在一定时期内某病的新病例发生的频率。

发病率（%）＝某时期（一年）发生某病新病例数/同期内该畜禽动物的总平均数×100

2. 患病率

是指某一指定时间畜禽中存在某病数的比例，代表在指定时间畜禽中疾病数量上的一个断面。

患病率（%）＝在某一指定时间畜群中存在的病例数/同一时间内畜群中动物总数×100

3. 死亡率

是指某病病死数与某种动物总数的百分比，它能表示该病在畜禽中造成死亡的频率，而不能说明传染病发展的特征。

死亡率（%）＝某病死亡数/同时期某种动物总数×100

4. 致死率

是指因某病死亡的畜禽头（只）数占该病患病动物总数的百分比，它能表示该病临床上的严重程度，因此，能比死亡率更为精确地反映出传染病的流行过程。

致死率（%）＝因某病致死头数/该病患病动物总数×100

（五）调查步骤

动物流行病学调查对动物传染病预防和控制十分重要，研究对象为动物群体，但有时会涉及人群和野生动物群体，主要方法是对群体中的动物传染病进行调查研究，收集、分析和解释资料，并做生理学推理。任务是确定病因，阐明分布规律，制定防控对策，并评价其效果，以达到预防、控制和消灭动物疫病的目的。

在实践中，流行病学调查可通过多种方式进行，如以座谈方式向畜主或相关知情人员询问疫情，或对现场进行仔细观察、检查，取得第一手资料，然后进行综合归纳、分析处理，做出初步诊断。流行病学调查的内容或提纲按不同的疫病和要求而制定，一般应弄清下列有关问题。

1. 疫病流行情况调查

最初发病的时间、地点，随后蔓延的情况，目前的疫情分布。疫区内各种动物的数量和分布情况，发病家畜的种类、数量、年龄、性别，疫病传播速度和持续时间等。本次发病后是否进行过诊断，采取过哪些措施，效果如何。动物防疫情况如何，接种过哪些疫苗，疫苗来源、免疫方法和剂量、接种次数等。是否做过免疫监测，动物群体抗体水平如何。发病前有无饲养管理、饲料、用药、气候等变化或其他应激因素存在。查明其感染率、发病率、病死率和死亡率。

2. 疫情来源的调查

本地过去是否发生过类似的疫病，何时何地发生，流行情况如何，是否经过确诊，有无历史资料可查，何时采取过何种防治措施，效果如何；如本地未发生过，附近地区是否发生过；这次发病前，周边地区有无疫情；是否由其他地方引进动物、动物产品或饲料，输出地有无类似的疫病存在；是否有外来人员进入本场或本地区进行参观、访问或购销等活动等。

3. 传播途径和方式的调查

本地各类有关家畜的饲养管理制度和方法，使役和放牧情况；牲畜流动、收购以及防疫卫生情况；运输检疫、市场检疫和屠宰检验的情况；死病畜处理情况；有哪些助长疫病传播蔓延的因素和控制疫病的经验；疫区的地理、地形、河流、交通、气候、植被和野生动物、节肢动物等的分布和活动情况，它们与疫病的发生及蔓延传播之间有无关系等。

4. 当地状况的调查

地区的政治、经济基本情况，群众生产和生活活动的基本情况和特点，畜牧兽医机构和工作的基本情况，当地领导、干部、兽医、饲养员和群众对疫情的看法如何等。疫情调查不仅可给流行病学诊断提供依据，而且也能为拟定防治措施提供依据。

七、动物传染病的诊断与治疗

（一）传染病的诊断

动物传染病的诊断方法包括临床综合诊断和实验室诊断；临床综合诊断方法包括：流行病学诊断；临床诊断；病理解剖学诊断；实验室诊断包括：病理组织学诊断、微生物学诊断、免疫学诊断和分子生物学诊断；微生物学诊断包括病料的采集、病料涂片、镜检；分离培养和鉴定及动物接种试验。免疫学诊断包括血清学试验和变态反应；血清学诊断包括凝集反应、中和反应、沉淀反应、补体结合反应、免疫荧光抗体试验、免疫酶技术等；分子生物学诊断包括：PCR 技术、核酸探针技术、DNA 芯片技术等。

（二）传染病的治疗

动物传染病要坚持综合治疗的原则，即治疗、护理、隔离与消毒并重，一般治疗、对症治疗与病原治疗并重的原则。治疗方法分为针对病原体的疗法和针对动物机体的疗法。

1. 针对病原体的疗法

在动物传染病的治疗方面，帮助动物机体杀灭或抑制病原体，或消除其致病作用的疗法是很重要的，一般可分为特异性疗法、抗生素疗法和化学疗法。

2. 针对动物机体的疗法

在动物传染病的治疗方面，既要考虑帮助机体消灭或抑制病原体，消除其致病作用，又要帮助机体，增强一般的抵抗力，调整和恢复生理机能，促使机体战胜疫病，恢复健康。

八、传染病的分类及基本防控措施

（一）传染病的分类

1. 按病原体分为

病毒病、细菌病、支原体病、衣原体病、螺旋体病、放线菌病、立克次氏体病和霉菌病等。

2. 按动物种别分

猪、鸡、鸭、鹅、牛、羊、马、犬、猫、兔传染病及人和动物共患传染病等。

3. 按危害器官和系统分

消化、呼吸、神经等。

4. 按危害程度分

我国分为一、二、三类（详见一、二、三类动物疫病病种名录）国际上分 A 类、B 类两种。

①一类疫病：是指对人和动物危害严重、需采取紧急、严厉

的强制性预防、控制和扑灭措施的疾病，大多为发病急、死亡快、流行广、危害大的急性、烈性传染病或人畜共患传染病，如口蹄疫、猪瘟、小反刍兽疫、高致病性禽流感和鸡新城疫等。按照法律规定，此类疫病一旦暴发，应采取以疫区封锁、扑杀和销毁动物为主的扑灭措施，共17种。

②二类疫病：是可造成重大经济损失、需要采取严格控制、扑灭措施的疾病，该类疫病的危害性、暴发强度、传播能力以及控制和扑灭的难度比一类疫病小。如伪狂犬病、狂犬病、牛传染性鼻气管炎、猪乙型脑炎、猪繁殖与呼吸综合征、猪链球菌病、鸡传染性支气管炎、鸡传染性法氏囊病、鸡马立克氏病、鸭瘟、小鹅瘟、兔病毒性出血症等。法律规定发现二类疫病时，应根据需要采取必要的控制、扑灭措施，不排除采取与一类疫病相似的强制性措施，共77种。

③三类疫病：是指常见多发、可造成重大经济损失、需要控制和净化的动物疫病，其多呈慢性发展状态，法律规定应采取检疫净化的方法，并通过预防、改善环境条件和饲养管理等措施控制，如牛流行热、牛病毒性腹泻黏膜病、猪传染性胃肠炎、鸡病毒性关节炎、传染性鼻炎、水貂阿留申病、水貂病毒性肠炎和犬瘟热等，共63种。

（二）重大动物疫病、主要人畜共患病、常见动物疫病

1. **重大动物疫病**

重大动物疫病是指动物疫病突然发生，发病率、死亡率高，传播迅速，给养殖业生产安全造成严重威胁和危害，以及可能对人体健康和生命安全造成危害，主要包括高致病性禽流感、高致病性猪蓝耳病、口蹄疫、猪瘟、鸡新城疫、疯牛病、狂犬病、炭疽、马鼻疽等。

2. **主要人畜共患病**

人畜共患病是指由同一种病原体引起，流行病学上相互关

联，在人类和动物之间自然传播的疫病。其病原包括病毒、细菌、支原体、螺旋体、立克次氏体、衣原体、真菌、寄生虫等。主要人畜共患传染病有 26 种。

3. 常见动物疫病

我国动物疫病种类多，分布广，危害严重。常见的动物疫病有口蹄疫、猪瘟、禽流感、炭疽病、猪肺疫、猪丹毒、猪喘气病、羊痘、牛肺疫、马传染性贫血、鸡新城疫等。

（三）动物传染病的基本防控措施

1. 疫病预防

采取一切手段将某种传染病排除在未受感染动物群之外的防疫措施。它有两种含义，一是通过多种隔离设施和检疫措施等阻止某种传染病传入；二是通过免疫接种、药物预防和环境控制等措施，保护动物群免遭已存在的疫病传染。

2. 疫病控制

通过各种方法降低已经存在于动物群中某种传染病的发病率和死亡率，并将该种传染病限制在局部范围内加以就地扑灭的防疫措施。它包括患病动物的隔离、消毒、治疗、紧急免疫接种和封锁疫区、扑杀传染源等方法，以防止疫病在易感动物群中蔓延。

（1）发生一类动物疫病时，应当采取下列控制和扑灭措施。

①当地县级以上地方人民政府兽医主管部门应当立即派人到现场，划定疫点、疫区、受威胁区，调查疫源，及时报请本级人民政府对疫区实行封锁。疫区范围涉及两个以上行政区域的，由有关行政区域共同的上一级人民政府对疫区实行封锁，或者由各有关行政区域的上一级人民政府共同对疫区实行封锁。必要时，上级人民政府可以责成下级人民政府对疫区实行封锁。

②县级以上地方人民政府应当立即组织有关部门和单位采取封锁、隔离、扑杀、销毁、消毒、无害化处理、紧急免疫接种等

强制性措施，迅速扑灭疫病。

③在封锁期间，禁止染疫、疑似染疫和易感染的动物、动物产品流出疫区，禁止非疫区的易感染动物进入疫区，并根据扑灭动物疫病的需要对出入疫区的人员、运输工具及有关物品采取消毒和其他限制性措施。

（2）发生二类动物疫病时，应当采取下列控制和扑灭措施。

①当地县级以上地方人民政府兽医主管部门应当划定疫点、疫区、受威胁区。

②县级以上地方人民政府根据需要组织有关部门和单位采取隔离、扑杀、销毁、消毒、无害化处理、紧急免疫接种、限制易感染的动物和动物产品及有关物品出入等控制、扑灭措施。

③疫点、疫区、受威胁区的撤销和疫区封锁的解除，按照国务院兽医主管部门规定的标准和程序评估后，由原决定机关决定并宣布。

④呈暴发性流行时，按照一类动物疫病处理。

（3）发生三类动物疫病时，当地县级、乡级人民政府应当按照国务院兽医主管部门的规定组织防治和净化，呈暴发性流行时，按照一类动物疫病处理。

3. 疫病消灭

疫病消灭是指在限定地区内根除一种或几种病原微生物而采取的多种措施的总称，也是指动物疫病在限定地区内被根除的状态。传染病的消灭除取决于各种社会因素外，更受病原微生物特性的影响，如宿主范围、病原体携带、及排毒状态、免疫力的持续期、病原血清型、亚临床感染以及疫苗效果等。疫病消灭的空间范围分为地区性、全国性、全球性3种类型，其中通过认真执行兽医综合性防疫措施，严格立法执法，对传染源及时进行选择屠宰、检疫隔离并宰杀淘汰患病动物，加强群体免疫接种、严格消毒、控制传播媒介等措施，只要经过长期不懈的努力，在限定地区内消灭某种传染病是完全能够实现的，这已经被许多国家的防疫实践所证实，我国就成功地消灭了牛瘟，但在全球范围内消灭某种传染病将非常困难，到目前为止还没有一种动物传染病在全球范围内被消灭。

4. 疫病净化

是指通过采取检疫、消毒、扑杀或淘汰等技术措施，使某一地区或养殖场的某种或某些动物传染病在限定的时间内逐渐被消除的状态。不同地区或养殖场同时进行疫病净化最终结果是疫病消灭的基础和前提条件，也就是说，统一行动，消灭疫病。因此。疫病净化是目前国际上许多国家对付某种动物传染病的通用方法。

第五节　动物寄生虫病学基础知识

动物寄生虫学是一门普通生物学和兽医学内容的综合性学科，是阐明寄生于动物的各种寄生虫及其对动物所发生影响和所引起疾病的科学。学习和掌握动物寄生虫病学的基础理论、动物寄生虫病的诊治技术和综合防治措施，是保障动物不受或少受寄生虫的侵袭，使动物的寄生虫感染减少到最低程度，从根本上杜绝其流行的必要条件。

一、生物间的相互作用

自然界中生物种类繁多，在漫长的生物演化过程中，生物之间的关系也变得复杂多样。有些生物可不依赖其他生物而自立生活，有些生物则必须依赖其他生物或与其他生物互相依赖，共同生活，表现为共生现象。在共生现象中，根据两种生物之间的利害关系可粗略地分为互利共生、偏利共生、寄生3种情况。

（一）互利共生

两种生物生活在一起，双方相互受益，称为互利共生。例如，寄居在牛瘤胃中的纤毛虫，以植物纤维为食物，在获得自身所需的营养物质的同时，还可帮助牛消化植物纤维；而牛的瘤胃又为纤毛虫提供了生存、繁殖所需的环境条件。

（二）偏利共生（共栖）

两种生物生活在一起，其中一方受益，另一方既不受益，也不受害，这种关系称为偏利共生。

（三）寄生

两种生物生活在一起，其中一方受益，另一方受害，这种关系称为寄生。寄生一般指一种小型生物生活在另一种相对较大型生物的体内或体表，从中获得营养，进行生长繁殖，同时对后者造成一定程度的危害，甚至导致后者的死亡。

寄生关系的出现和形成是生物进化到一定阶段的产物，是长期自然选择的结果。在寄生关系形成的漫长历史过程中，对于寄生虫来说是如何适应宿主机体环境的过程，而对于宿主来说是同寄生虫斗争的过程，通过这种适应与斗争的相互统一，最终达到寄生关系的成立。

二、寄生关系中的寄生虫与宿主

寄生是许多生物所采取的一种生活方式，在这种生活方式中，寄生物从宿主身上获取营养，赖以生存，并带给宿主不同程度的损害，导致宿主的疾病，甚至死亡。在寄生关系中受益的一方称为寄生物，受害的一方称为宿主或寄主。如果寄生物为多细胞的无脊椎动物或单细胞的原生动物，则称寄生虫。寄生虫在长期的进化过程中通过不断的调整自身，逐步达到适应寄生生活的目的。

（一）概念

1. 寄生虫

是指暂时或永久地在宿主体内或体外表，并从宿主身上取得他们所需要的营养物质的动物。

2. 宿主

凡是体内或体表有寄生虫暂时或长期寄生的动物都称为宿主。

（二）寄生虫和宿主的类型

1. 寄生虫的类型

（1）内寄生虫与外寄生虫。从寄生部位来分，寄生在宿主内的寄生虫称之为内寄生虫，如寄生于消化道的线虫、绦虫、吸虫等；寄生在宿主体表的寄生虫称之为外寄生虫，如寄生于皮肤表面的蜱、螨、虱等。

（2）单宿主寄生虫与多宿主寄生虫。寄生虫的发育过程中仅需要一个宿主的寄生虫叫单宿主寄生虫（土源性寄生虫），如蛔虫、钩虫等；发育过程中需要多个宿主的寄生虫，成为多宿主寄生虫（生物源性寄生虫），如多种绦虫和吸虫等。

（3）长久性寄生虫与暂时性寄生虫。从寄生时间来分，长久性寄生虫指寄生虫的某一个生活阶段不能离开宿主体，否则难以存活的寄生虫，如蛔虫、绦虫。暂时性寄生虫（间歇性寄生虫）指只在采食时才与宿主接触的寄生虫种类，如蚊子等。

（4）专一宿主寄生虫与非专一宿主寄生虫。从寄生虫寄生的宿主范围来分，有些寄生虫只寄生于一种特定的宿主，对宿主有严格的选择性，这种寄生虫称为专一宿主寄生虫。例如，人的体虱指寄生于人，鸡球虫只感染鸡等。有些寄生虫能够寄生于多种宿主，这种寄生虫称为非专一宿主寄生虫。如肝片形吸虫可以寄生于牛、羊等多种动物和人。一般来说对宿主最缺乏选择性的寄生虫，是最具有流动性的，危害性也最为广泛，其防治难度也大为增加。在非专一宿主寄生虫中包括一类既能寄生于动物，也能寄生于人的寄生虫——人兽共患寄生虫，如日本血吸虫、弓形虫、旋毛虫。

2. 宿主的类型

（1）终末宿主。终末宿主是指寄生虫成虫（性成熟阶段）或有性生殖阶段虫体所寄生的动物。如猪带绦虫（成虫）寄生于人的小肠内，人是猪带绦虫的终末宿主；弓形虫的有性生殖阶段（配子生殖）寄生于猫的小肠内，猫是弓形虫的终末宿主。

（2）中间宿主。中间宿主是指寄生虫幼虫期或无性生殖阶段所寄生的动物体。如猪带绦虫的中绦期猪囊尾蚴寄生于猪体内中，所以猪是猪带绦虫的中间宿主；弓形虫的无性生殖阶段（速殖子、慢殖子和包囊）寄生于猪、羊等动物体内，所以猪、羊等动物是弓形虫的中间宿主。

（3）补充宿主（第二中间宿主）。某些种类的寄生虫在发育过程中需要两个中间宿主，后一个中间宿主（第二个中间宿主）有时就称作补充宿主。如双腔吸虫在发育过程中依次需要在蜗牛和蚂蚁体内发育，其补充宿主是蚂蚁。

（4）储藏宿主（转续宿主）。或叫转运宿主。即宿主体内有寄生虫卵或幼虫存在，虽不发育繁殖，但保持着对易感动物的感染力，这种宿主叫做储藏宿主或转续宿主。它在流行病学研究上有着重要意义，如鸡异刺线虫的虫卵被蚯蚓吞食后在蚯蚓体内不发育但保持感染性，鸡吞食含有异刺线虫的蚯蚓可感染异刺线虫，所以蚯蚓是鸡异刺线虫的储藏宿主。

（5）保虫宿主。某些惯常寄生于某种宿主的寄生虫，有时也可寄生于其他一些宿主，但寄生不普遍，无明显危害，通常把这种不惯常被寄生的宿主称之为保虫宿主。如耕牛是日本血吸虫的保虫宿主。这种宿主在流行病学上起一定作用。

（6）带虫宿主。宿主被寄生虫感染后，随着机体抵抗力的增强或药物治疗，处于隐性感染状态，体内存留有一定数量的虫体，这种宿主即为带虫宿主。它在临床上不表现症状，对同种寄生虫再感染具有一定的免疫力，如牛的巴贝斯虫。

（7）传播媒介。通常是指在脊椎动物宿主间传播寄生虫的一类动物，多指吸血的节肢动物。例如，蚊子在人之间传播疟原虫，蜱在牛之间传播巴贝斯虫等。

（三）寄生虫对宿主的危害

1. 掠夺宿主营养

消化道寄生虫（如蛔虫、绦虫）多数以宿主体内的消化或半消化的食物营养为食；有的寄生虫还可直接吸取宿主血液（如蜱、吸血虱）和某些线虫（如捻转血毛线虫、钩虫）；也有的寄生虫（如巴贝斯虫、球虫）则可破坏红细胞或其他组织细胞，以血红蛋白、组织液等作为自己的食物；寄生虫在宿主体内生长、发育及大量繁殖，所需营养物质绝大部分来自宿主。这些营养还包括宿主不易获得而又必需的物质，如维生素 B_{12}、铁及微量元素等。由于寄生虫对宿主营养的这种掠夺，使宿主长期处于贫血、消瘦和营养不良状态。

2. 机械性损伤

虫体以吸盘、小沟、口囊、吻突等器官附着在宿主的寄生部位，造成局部损伤；幼虫在移行过程中，形成虫道，导致出血、炎症；虫体在肠管或其他组织肛道（胆管、支气管、血管等）内寄生聚集，引起堵塞和其他后果（梗阻、破裂）；另外，某些寄生虫在生长过程中，还可刺激和压迫周围组织脏器，导致一系列继发症。如多量蛔虫积聚在小肠所造成的肠堵塞，个别蛔虫误入胆管中所造成胆管堵塞等；钩虫幼虫侵入皮肤时引起钩蚴性皮炎；细粒刺球蚴在肝脏中压迫肝脏，都可造成严重的后果。

3. 虫体毒素和免疫损伤作用

寄生虫在寄生生活期间排出的代谢物、分泌的物质及虫体崩解后的物质对宿主是有害的，可引起宿主局部或全身性的中毒或免疫病理反应，导致宿主组织及机能的损害。如蜱可产生用于防止宿主血液凝固的抗凝血物质；寄生于胆管系统的华支睾吸虫，其分泌物、代谢产物可引起胆管上皮增生、肝实质萎缩、胆管局限性扩张及管壁增厚，进一步发展可致上皮瘤样增生；血吸虫虫卵分泌的可溶性抗原与宿主抗体结合，可形成抗原—抗体复合物，引起肾小球基底膜损伤；所形成的虫卵肉芽肿则是血吸虫病的病理基础。犬患恶丝虫病时，常发生肾小球基底膜增厚和部分内皮细胞的增生，临诊症状为蛋白尿。

4. 继发感染

某些寄生虫侵入宿主体时，可以把一些其他病原体（细菌、病毒等）一同携带到人体内；另外，寄生虫感染宿主体后，破坏了机体组织屏障，降低了抵抗力，也使得宿主易继发感染其他一些疾病。如许多种寄生虫在宿主的皮肤或黏膜等处造成损伤，给其他病原体的侵入创造了条件。还有一些寄生虫，其本身就是另一些微生物或寄生虫的传播者。例如，某些蚊虫传播人和猪、马等家畜的日本乙型脑炎；某些蚤传播鼠疫杆菌；蜱传播梨形虫病等。

由于寄生虫的种类、数量、寄生部位和致病作用的不同，对宿主的危害和影响也各有差异，其表现是复杂的和多方面的。

（四）寄生虫的生活史和感染宿主的途径

1. 寄生虫的生活史

寄生虫生长、发育和繁殖的一个完整循环过程，叫作寄生虫的发育史或生活史。它包括了寄生虫的感染与传播。可分为两种类型：一种是不需中间宿主的发育史，又称直接发育型；一种是需要中间宿主的发育史，又称间接发育型。

寄生虫的生活史可以分为若干个阶段，每个阶段的虫体有不同的形态特征和生物学特征（如寄生部位、致病作用），了解寄生虫的生活史对寄生虫病的诊断有重要意义。

2. 感染宿主的途径

又称感染途径，是指病原从感染来源感染给易感动物所需要的方式。可以是某种单一途径，也可以是由一系列途径所构成。寄生虫的感染途径随其种类不同而异，主要有以下几种。

（1）经口感染。即寄生虫通过易感动物的采食、饮水，经口腔进入宿主体的方式。多数寄生虫属于这种感染方式。

（2）经皮肤感染。寄生虫通过易感动物的皮肤，进入宿主体的方式。例如，钩虫、血吸虫的感染方式。

（3）接触感染。寄生虫通过宿主之间互相直接接触或用具、人员等的间接接触，在易感动物之间传播流行。属于这种传播方式的主要是一些外寄生虫，如蜱、螨、虱等。

（4）经节肢动物感染。即寄生虫通过节肢动物的叮咬、吸血、传给易感动物的方式。这类寄生虫主要是一些血液原虫和丝虫。

（5）经胎盘感染。寄生虫通过胎盘由母体感染给胎儿的方式，如弓形虫等寄生虫。

（6）自身感染。某些寄生虫产生的虫卵或幼虫不需要排出宿主体外，即可使原宿主再次遭受感染，这种感染方式就是自身感染。例如，猪带绦虫的患者呕吐时，可使孕卵节片或虫卵从宿主小肠逆行入胃，而再次使原患者遭受感染。

三、寄生虫病的影响因素

（一）宿主因素对畜禽寄生虫病的影响

寄生虫及其产物对宿主均为异物，能引起一系列反应，也就是宿主的防御功能，它的主要表现就是免疫。宿主对寄生虫的免疫表现为免疫系统识别和清除寄生虫的反应，其中有些是防御性反应。免疫反应是宿主对寄生虫作用的主要表现，包括非特异性免疫和特异性免疫。宿主与寄生虫之间相互作用的结果，一般可归为3类。

①宿主清除了体内寄生虫，并可防御再感染。

②宿主清除了大部分或者未能清除体内寄生虫，但对再感染具有相对的抵抗力。这样宿主与寄生虫之间能维持相当长时间的寄生关系，见于大多数寄生虫感染或带虫者。

③宿主不能控制寄生虫的生长或繁殖，表现出明显的临床症状和病理变化，而引起寄生虫病，如不及时治疗，严重者可以死亡。

（二）环境因素对畜禽寄生虫病的影响

包括地理环境、气候和生物种群等因素，直接或间接地影响着寄生虫的分布及寄生虫病的传播与流行。

1. 地理环境

包括经纬度、地形、海拔高低、湖泊与河流分布情况、交通情况等。

2. 气候

包括温度、湿度、光照、年降水量、土壤酸碱度等。气候条件会影响到寄生虫的虫卵或幼虫在外界的生长发育，温暖潮湿的环境有利于土壤中的虫卵和幼虫的发育。

3. 生物种群

包括终末宿主、中间宿主、媒介及植被等。对于生活史中需要中间宿主或节肢动物存在的寄生虫，中间宿主或节肢动物的存在与否，决定了这些寄生虫病能否流行。

（三）社会因素对动物寄生虫病的影响

社会因素包括社会制度、经济状况、科学水平、文化教育、医疗卫生条件、防疫保健措施以及人的行为（生产方式和生活习惯）、动物的饲养管理方式和条件等。社会因素、自然因素和生物因素常常相互作用，共同影响寄生虫病的流行。由于自然因素和生物因素一般是相对稳定的,而社会因素往往是可变的。因此,社会的稳定,经济的发展,医疗卫生的进步和防疫保健制度的完善以及人民群众科学、文化水平的提高,对控制寄生虫病的流行起主导作用。

四、寄生虫病的诊断方法

(一)观察临床症状

消瘦、贫血、黄疸、水肿、营养不良等慢性消耗性疾病症状。

(二)调查流行因素

了解发病情况,弄清传播和流行动态。

(三)尸体剖检

观察病理变化,寻找病原体。

(四)实验室诊断

1. 直接涂片检查法

是最简便和常用的方法,夹去较大的或过多的粪渣,最后使玻片上留有一层均匀的粪液,其浓度的要求是将此玻片放于报纸上,能通过粪便液膜模糊地辨认其下的字迹为合适。在粪膜上覆以盖玻片,置低倍显微镜下检查。检查时,应顺序地查遍盖玻片下的所有部分。但是,当畜禽体内寄生虫数量不多而粪便中虫卵少时,有时不能查出虫卵。本法是在载玻片上滴一些甘油和水的等量混合液,再用牙签挑取少量粪便加入其中,混匀。

2. 集卵法

(1)沉淀法。取粪便5g,加清水100mL以上,搅匀成粪汁,通过260~250μm(40~60目)铜筛过滤,滤液收集于三角烧瓶或烧杯中,静置沉淀20~40分钟,倾去上层液,保留沉渣。再加水混匀,再沉淀,如此反复操作直到上层液体透明后,吸取沉渣检查。此法适用于检查吸虫卵。

（2）漂浮法。取粪便 10g，加饱和食盐水 100mL，混合，通过 250μm（60 目）铜筛，滤入烧杯中，静置半小时，则虫卵上浮；用一直径 5～10mm 的铁圈，与液面平行接触以蘸取表面液膜，抖落于载玻片上检查。此法适用于线虫卵的检查。也可取粪便 1g，加饱和食盐水 10mL，混匀，筛滤，滤液注入试管中，补加饱和盐水溶液使试管充满，管口覆以盖玻片，并使液体和盖玻片接触，其间不留气泡，直立半小时后，取下盖玻片镜检有无虫卵。

常用的漂浮液：饱和食盐水：在 1 000mL 水中加食盐 380g，比重约 1.18。饱和硫代硫酸钠溶液：在 1 000mL 水中，加硫代硫酸钠 1 750g，比重在 1.4 左右。此外，还有饱和硫酸镁溶液，硫酸锌溶液等。

（3）锦纶筛兜集卵法。取粪便 5～10g，加水搅匀，先通过 260μm（40 目）的铜丝筛过滤；滤下液再通过 58μm（260 目）锦纶筛兜过滤，并在锦纶筛兜中继续加水冲洗，直到洗出液体清澈为止；尔后取兜内粪渣涂片检查。此法适用于宽度大于 60μm 的虫卵。

五、寄生虫病的综合防治措施

动物寄生虫病严重地危害着动物和人类的健康，严重地危害着畜牧业产品的数量和质量。由于寄生虫因种类繁多、分布广、各地自然条件不同，因此，防治寄生虫病是个极其复杂的问题，必须贯彻"预防为主、养防结合、防重于治"的方针，掌握寄生虫的发育规律和流行规律，采取综合性措施，才能有效地控制寄生虫病的发生和流行，保障家畜和人类的健康，减少经济损失，促进养殖业的发展。

（一）驱虫

驱虫要掌握不同种类寄生虫的流行特点和感染途径，选择最佳驱虫时间，制定有针对性的综合防治措施进行有效驱虫。在组织大规模驱虫工作时，应先做小群试验，在取得经验后，再全面展开，以防用药不当，引起中毒死亡。

1. 驱虫药物的选择原则

（1）广谱。最好一种驱虫药可以驱除多种寄生虫，如对吸虫、绦虫、线虫等不同类型的寄生虫均可驱除。

（2）高效。经1~2次用药就能彻底驱除畜禽体内的寄生虫。

（3）低毒。对畜禽有较小副作用，药物在畜禽体内残留量少、残留时间短、不污染环境。

（4）价廉、使用方便。在大群驱虫时方便的驱虫方法可以节省人力物力。

同时，还应注意寄生虫产生抗药性，在同一地区，不能长期使用单一品种的药物，应经常更换驱虫药的种类，或联合用药。

2. 驱虫分类

可分为治疗性驱虫和预防性驱虫。

（1）治疗性驱虫。旨在消灭已确诊的畜禽体内和体表的寄生虫，解除危害，使得患病动物早日康复，而且消灭了病原，对健康动物也起到了预防作用。如果同时采取一些对症治疗和加强护理的措施，效果将会更好。

（2）预防性驱虫。多数动物寄生虫病都是呈慢性过程，常被人们忽视，使动物生产性能下降。根据当地寄生虫病的流行病学特点，应在还没有出现明显的症状或引起严重损失之前，及时组织定期驱虫。

3. 驱虫过程中的注意事项

（1）使用驱虫、杀虫药物要求剂量准确。

（2）驱虫后对畜禽应加强护理和观察，必要时采用对症治疗，并及时解救出现毒副作用的畜禽。

（3）先做小群驱虫试验，取得经验并肯定药效和安全性后，再进行全群驱虫。

（二）粪便无害化处理

大多数寄生虫的虫卵、幼虫或卵囊随着动物粪便排出体外，经一定时间的发育再次侵袭动物。因此，加强粪便管理、避免病原扩散，对控制寄生虫病的传播和流行非常重要。在寄生虫病流行区，应将粪便，尤其是驱虫后的粪便集中起来，根据各地情况和习惯，结合农田积肥进行堆积发酵，生物热可使温度上升到 $60 \sim 70℃$，经 $2 \sim 3$ 周就可杀死粪便中的虫卵；幼虫、卵囊，经处理的粪便一般 3 个月后即可作为农家肥用。

（三）消灭中间寄主及切断传播媒介

消灭中间宿主（如螺蛳之类）、或对其进行驱虫（如犬，猫）、以切断传播媒介，是防止传播寄生虫病的有效措施。许多动物寄生虫（如吸虫、绦虫、棘头虫和部分线虫）在发育过程中都需要有中间寄主和传播媒介的参与。用化学药品或生物学方法（培养中间宿主的天敌如养鸭、养鱼等）可以消灭中间宿主和切断传播媒介来控制寄生虫病的发生和流行。

（四）加强饲养管理与搞好环境卫生

在饲养动物时，要加强饲养管理，搞好环境卫生，并适当在饲料中增加含蛋白质、矿物质、维生素等的营养成分和添加青绿饲料等，以提高动物抵抗寄生虫感染的能力；此外，还应采取措施尽可能地保护动物不接触病原。寄生虫病主要危害幼龄动物，在有条件时最好能将成年和幼龄动物分开饲养，以减少感染机会。另外，对外地引进的动物要进行隔离检疫，确定无病时再合群，以避免当地本来没有的寄生虫病流行。

六、常见动物寄生虫病及防治

（一）猪常见寄生虫病及其防治

1. 猪蛔虫病

猪蛔虫病是由猪蛔虫寄生于猪的小肠所引起的一种线虫病。感染普遍，分布广泛，特别在不卫生的猪场和营养不良的猪群中，感染率很高，一般都在 50% 以上，感染本病的仔猪生长发育不良，严重者发育停滞，甚至造成死亡。

（1）病原。猪蛔虫是一种大型线虫，寄生在小肠内，新鲜虫体呈粉红稍带黄白色，体表光滑，是一种形似蚯蚓，死后呈苍白色，前后两头稍尖的圆柱状虫体。雄虫长约 12~25cm，尾端向腹部卷曲。雌虫长约 30~35cm，后端直而不卷曲。

（2）流行特点。猪蛔虫分布流行比较广泛，属于土源性寄生虫，生活史简单，不需要中间宿主参与，因而不受中间宿主所限制。仔猪易感且发病较为严重，而且与饲养管理方式密切相关。猪可以通过吃奶、饮水、采食、掘土等经口腔感染。还可以经母体胎盘感染。蛔虫具有强大的繁殖能力，蛔虫虫卵对高温、干燥、直射日光较敏感。绝大部分能够存活越冬。猪蛔虫卵一般在疏松湿润的土中可以生存 2~5 年之久。凡有猪蛔虫的猪舍和运动场及其放牧地区，自然就有大量虫卵汇集，这就构成猪蛔虫病感染和流行的疫源地。

（3）症状与病理变化。

症状：一般以 3~6 个月的仔猪比较严重，成年猪抵抗力较强，所以一般无明显症状。蛔虫对仔猪危害严重，幼虫会造成宿主肝肺等组织损伤，侵袭肺脏而引起仔猪咳嗽、体温升高、呼吸喘急、食欲减退等症状。幼虫在肝表面往往形成云雾状的乳斑。在成虫寄生阶段的初期，猪可出现异嗜现象。一般随着病情的发展，逐渐出现发育不良、消瘦、食欲减退、皮毛粗乱、轻微腹泻、腹痛、贫血等症状。或有全身性黄疸，有的病猪生长发育长期受阻，变为僵猪。当肠道中寄生的虫体过多时，可引起肠管的阻塞或肠破裂。有时虫体钻入胆管，病猪因胆管的堵塞而表现腹痛及黄疸等症状，常会引起死亡。

病理变化：虫体寄生少时，一般无明显病变。如果多量感染时，在初期仅有肺炎病变，表面有出血点或暗红色斑点。由于幼虫的移行，常在肝上形成不定形的灰白色斑点及硬变，如蛔虫钻入胆管，可在胆管内发现虫体。如大量成虫寄生于小肠时，可见肠黏膜卡他性炎症。如由于虫体过多引起肠阻塞而造成肠破裂时，可见到腹膜炎和腹腔出血。病程较长的有化脓性胆管炎或胆管破裂，胆囊内胆汁减少，肝脏黄染或变硬。

（4）诊断。诊断应结合症状、流行病学等进行综合分析，猪在临床表现为咳嗽、呕吐、磨牙、贫血、消瘦、黄疸等症状可以考虑猪蛔虫病，同时进行粪便检查虫卵以及进行幼虫分离而确诊。

（5）防治。猪蛔虫属于土源性寄生虫，因此，环境卫生很重要，平时尽量保持猪舍的干燥和清洁，尽量做好猪场各项饲养管理和卫生防疫工作，及时清理粪便并堆积发酵，以便杀死虫卵。保持猪舍和运动场清洁，猪舍通风，采光良好，避免阴暗、潮湿和拥挤、定期消毒。坚持预防为主，每年定期驱虫。断奶仔猪要多给富含维生素和矿物质的饲料，以增强抗病能力。

驱虫治疗可采用以下药物。

左咪唑：每千克体重 4～6mg，肌注或皮下注射；或每千克饲料 8mg，拌入饲料内喂服。

伊维菌素或阿维菌素：有效成分剂量为每千克体重 0.3mg，皮下注射或口服均可。

丙硫咪唑：每千克体重 20mg 口服，或噻咪唑每千克体重 15～20mg 口服。

2. 猪弓形虫病

猪弓形虫病是由龚地弓形虫引起的一种原虫病，又称弓形体病。弓形虫病是一种人畜共患病，宿主的种类十分广泛，人和动物的感染率都很高。猪暴发弓形虫病时可使整个猪场的猪只发病，死亡率很高。

（1）病原。本病是由龚地弓形虫引起的一种原虫病。其终末宿主是猫，中间宿主包括 45 种哺乳动物、70 种鸟类和 5 种冷血动物。人也可感染弓形虫病，是一种严重的人兽共患病。当人弓形虫被终末宿主猫吃后，便在肠壁细胞内开始裂殖生殖，其中有一部分虫体经肠系膜淋巴结到达全身，并发育为滋养体和包囊体。另一部分虫体在小肠内进行大量繁殖，最后变为大配子体和小配子体，大配子体产生雌配子，小配子体产生雄配子，雌配子和雄配子结合为合子，合子再发育为卵囊。随猫的粪便排出的卵囊数量很大。当猪或其他动物吃进这些卵囊后，就可引起弓形虫病。本病在 5～10 月份的温暖季节发病较多；以 3～5 月龄的仔猪发病严重。

该病的病原是一种寄生于人和多种动物体内的寄生虫，它具有五个不同的发育阶段，分别是滋养体、包囊、裂殖体、配子体和卵囊，具有感染能力的是滋养体，包囊和卵囊。

（2）流行特点。弓形体病是一种人兽共患的寄生虫病。弓形虫可通过口、眼、鼻、呼吸道、肠道、皮肤等途径侵入猪体。猪多为隐性感染，应激可引发本病。本病发生无明显季节性，但以 7 月、8 月、9 月高温、闷热、潮湿的暑天多发。在家畜中，对猪和羊的危害最大，尤其对猪，可引起暴发性流行和大批死亡。通过胎盘、子宫、产道、初乳感染。此外，也可经损伤的皮肤和黏膜感染。

（3）症状与病理变化。

症状：我国猪弓形虫病分布十分广泛，猪的发病率和病死率均很高。10～50kg 的仔猪发病尤为严重。病猪突然减食或废食，体温升高，呼吸急促，严重时呈腹式或犬坐式呼吸；流清鼻涕，有时咳嗽；眼内出现浆液性或脓性分泌物。常出现便秘，呈粒状粪便，外附黏液，有的患猪在发病后期拉稀，尿呈橘黄色。有的猪发生呕吐。患猪精神沉郁，显著衰弱。发病后数日出现神经症状，后肢麻痹。随着病情的发展，在耳翼、鼻端、下肢、股内侧、下腹等处出现紫红斑或间有小点出血。有的病猪在耳壳上形成痂皮，耳尖发生干性坏死。孕猪主要表现为高热、废食、昏睡数天后流产、产出死胎或弱仔。有的病猪耐过急性期而转为慢性，外观症状消失，仅食欲和精神稍差，最后变为僵猪。

病理变化：急性病例出现全身性病变，全身淋巴结肿大，灰白色、切面湿润，有粟粒大灰白色或黄色坏死灶和大小不一出血点，肝、肺和心脏等器官肿大，并有许多出血点和坏死灶。肠道重度充血，肠黏膜上常可见到扁豆大小的坏死灶。肠腔和腹腔内有多量渗出液。急性病变主要见于仔猪。慢性病例可见有各脏器的水肿，并有散在的坏死灶；慢性病变常见于年龄大的猪只。肺高度水肿，小叶间质增宽，其内充满半透明胶冻样渗出物；气管和支气管内有大量黏液和泡沫，有的并发肺炎；脾脏肿大，棕红色；肝脏呈灰红色，散在有小点坏死；肠系膜淋巴结肿大。胃底有出血斑点，有片状或带状溃疡。

（4）诊断。根据流行特点、病理变化可初步诊断，确诊需进行实验室检查。在剖检时取肝、脾、肺和淋巴结等做成涂片，用瑞氏液染色，于油镜下可见月牙形或梭形的虫体，核为红色，细胞质为蓝色即为弓形虫。

（5）防治。

预防：弓形虫病是由于摄入猫粪便中的卵囊而遭受感染的，因此，猪舍内应严禁养猫并防止猫进入圈舍；饲养人员也应避免与猫接触。严防饮水及饲料被猫粪直接或间接污染；扑灭圈舍内外的鼠类。

治疗：磺胺类药物：磺胺六甲氧嘧啶，每千克体重 0.03 ~ 0.07g，每天一次，肌注 3 ~ 5 天。

（二）牛常见寄生虫病及其防治

牛焦虫病

焦虫病是一种季节性血液原虫病，对奶牛危害大，死亡率高。

（1）病原。病原体是叫焦虫的原虫。其中有巴贝斯焦虫和泰勒焦虫。它们分别在牛的红细胞和网状内皮系统进行无性繁殖。蜱是中间宿主，焦虫在它的体内能进行有性繁殖，所以，此病是由蜱进行传播的。蜱的活动有一定的规律性，因此，焦虫病的发生也有一定季节性。多发季节为春、夏、秋季。

（2）流行特点。本病有明显的季节性，常呈地方性流行，多发于夏秋季节和蜱类活跃地区。由双芽焦虫致发本病的一岁龄小牛发病率较高，症状轻微，死亡率低。成年牛与其相反，死亡率较高；由巴贝斯焦虫致发本病的 3 月龄至一岁内小牛病情较重，死亡率较高。成年牛死亡率较低。良种肉牛易发本病。

（3）症状与病理变化。

症状：成年牛多为急性，病初体温可高达 40 ~ 42℃，呈稽留热，食欲减退，反刍停止，呼吸困难，肌肉震颤，脉搏增数，精神沉郁，产奶量急剧下降。一般在发病后 3 ~ 4 天内出现血红蛋白尿，为本病的特征性症状，尿色由浅红至深红色，尿中蛋白质含量增高。贫血逐渐加重，病牛出现黄疸水肿，便秘与腹泻交替出现，粪便含有黏液及血液；孕畜多流产。

病理变化：体表淋巴结肿大。可视黏膜黄染、皮下结缔组织发黄、水肿、血凝不全，膀胱内积有血色尿液。

（4）诊断。根据病牛的临床症状、病理变化、流行特点、蜱类特征可以做出初步诊断。确诊需采病牛耳尖血涂片，镜检，在红细胞内如发现典型虫体即可确诊。

（5）治疗。焦虫病疫苗尚处于研制阶段，病牛仍以药物治疗为主。

三氮脒又称贝尼尔或血虫净，是治疗焦虫病的高效药物。临用时，配成5%的灭菌溶液，深部肌肉注射，隔日1次，连用3次。一般病例每千克体重注射3.5～3.8mg。

（三）羊常见寄生虫病及其防治

1. 羊肝片吸虫病

羊肝片吸虫病是由肝片吸虫寄生于羊肝脏胆管内引起的慢性或急性肝炎和胆管炎，同时伴发全身性中毒现象及营养障碍等症状的疾病。

（1）病原。肝片吸虫外观呈扁平叶状，体长20～35mm、宽5～13mm。自胆管内取出的鲜活虫体呈棕红色，固定后为灰白色。虫体前端呈圆锥状突起，称头锥。头锥后方扩展变宽，形成肩部，肩部以后逐渐变窄。体表生有许多小刺。口吸盘位于头锥的前端；腹吸盘在肩部水平线中部。生殖孔开口于腹吸盘前方。虫卵呈椭圆形，黄褐色；长120～150μm、宽70～80μm；前端较窄，有一不明显的卵盖，后端较钝。

（2）流行特点。本病常呈地方性流行，发现后，往往呈散发，持续几年时间，不能根除。是我国流行最广泛、危害最严重的寄生虫病之一。外界环境和季节对本病的流行有很大的影响。温度、水和淡水螺是肝片吸虫病流行的重要因素，所以常流行于河流、山川、小溪和低洼、潮湿沼泽地带。特别在多雨年份和多雨季节，由于淡水螺类剧增，本病流行严重，羊感染最为严重。该病多发生在夏秋两季，6～9月份为高发季节；在冬季和初春，气候寒冷，牧草干枯，大多数羊消瘦、体弱，抵抗力低，是肝片吸虫病患羊死亡数量最多的时期。

（3）症状与病理变化。

症状：轻度感染的病羊往往没有明显症状，病羊逐渐消瘦，精神沉郁，食欲不振，异嗜，被毛粗乱无光泽、且易脱落，步行缓慢，可视黏膜极度苍白，黄疸，贫血，肋骨突出，眼睑、颌下、胸下、腹下出现水肿。放牧时有时吃土，便秘与腹泻交替发生，拉出黑褐色稀粪，有的带血。病情逐渐恶化，最后可因极度衰竭死亡。较多见于患病羊耐过急性期或轻度感染后，在冬春转为慢性。急性病羊多表现为发热、不食、精神不振、排黏液性血便、全身颤抖，严重者多在几天内死亡。

病理变化：急性死亡病例可见急性肝炎和大出血后的贫血变化；肝肿大，包膜有纤维素沉积，常见有 2~5mm 长的暗红色虫道，内有凝固的血液和少量幼虫；腹腔有血红色液体，呈现腹膜炎病变。慢性型病例主要呈慢性增生性肝炎和胆管炎变化，肝实质萎缩、褪色、变硬、边缘钝圆，小叶间结缔组织增生，胆管肥厚、扩张呈绳索样突出于肝表面；胆管内膜粗糙，有磷酸盐沉积；胆管内充满虫体和污浊稠厚棕褐色的黏性液体；胸膜腔及心包内积液。

（4）诊断。根据临床症状、流行特点和剖检病变，以及粪便检查中找到虫体和虫卵等，进行综合性诊断。

（5）防治。

预防：定期驱虫，驱虫的次数和时间必须与当地的具体情况及条件相结合。如果每年进行 1 次驱虫，可在秋末冬初进行；也可以进行 2 次驱虫，另一次可在第二年的春季进行驱虫。

粪便处理：每天及时清除畜舍内的粪便并进行堆积发酵，利用粪便发酵产热而杀死虫卵。尽可能避免在沼泽、低洼地区放牧，以免感染囊蚴。

饮水要的水源要清洁卫生，最好饮自来水或井水，有条件的地区可采用轮牧方式，以减少病原的感染机会。

治疗：常用药物有硝氯酚、三氯苯唑、碘醚柳胺、丙硫咪唑、硫双二氯酚等。

2. 羊鼻蝇蛆病

本病是由羊狂蝇的幼虫寄生于羊的鼻腔和鼻窦内引起的疾病，又称羊狂蝇蛆病。主要引起慢性鼻炎及鼻窦炎，主要特征是羊只流鼻液和不安。本病在我国西北、华北，内蒙古等地危害严重，对养羊业造成很大的损失。

（1）病原。本病的病原是狂蝇科鼻蝇属的羊鼻蝇又称羊狂蝇的幼虫。羊鼻蝇的成虫形似蜜蜂，体表呈灰色。全身密而短的绒毛，略带金属光泽，体长 10 ~ 12mm。头大，额显然凸出，侧额区有许多袋形凹陷，由每个凹陷处发出毛一根。喙退化，不咬动物，也不能摄食。刚产出的幼虫（第 1 期幼虫）淡黄色，幼虫约长 1 ~ 5mm，前端腹面有两个黑色前钩；第 2 期幼虫为椭圆形，体长 20 ~ 25mm；第 3 期幼虫体长 30mm，腹面平直，各节前缘生有许多小刺，背部隆起。各体节上有深棕色横带，虫体前端较尖，有一对发达的黑色口前钩，后端齐平，有两个黑色后气孔。

（2）流行特点。羊狂蝇成虫出现于每年 5 ~ 9 月，尤以 7 ~ 9 月为最多，一般只在炎热晴朗无风的白天活动而侵袭羊只，幼虫一般寄生 9 ~ 10 个月，到第 2 年春天发育为第 3 期幼虫，所以羊鼻蝇蛆病多发生在夏天。

（3）症状与病理变化。

症状：在夏季，由于成虫的侵袭，羊表现为不安、摇头、奔跑、低头以鼻端贴地，患羊表现为精神不振，可视黏膜呈淡红色，有分泌物，运动失调，头弯向一侧旋转或发生痉挛、麻痹，听、视力降低，后肢举步困难，有时站立不稳，跌倒而死亡。幼虫在鼻腔和额窦内移行时，刺激黏膜发炎、肿胀以至出血；鼻腔流黏浓性的分泌物，在鼻孔周围结成病块，会出现呼吸困难，眼睑浮肿，踢蹄摇头，鼻端擦地等症状。个别幼虫侵入大脑，引起神经症状，如急速摇头、运动失调、转圈或头颈弯向一侧等现象。

病理变化：剖检病死羊，可在鼻腔、鼻窦或额窦内发现各期幼虫。

（4）诊断。根据症状、流行病学和尸体剖检，可作出诊断。

（5）防治。

预防：对各种伤口加强治疗和护理，防止蝇子骚扰和产幼虫。将清理出的蛆放到强烈的消毒液中杀死，以防继续发育为成虫，扩大危害。

治疗：阿维菌素或伊维菌素类药物，剂量为有效成分每千克体重 0.2mg，1% 溶液皮下注射。

（四）鸡常见寄生虫病及其防治

1. 鸡球虫病

（1）病原。鸡球虫病是艾美耳属的多种球虫寄生在鸡小肠或大肠内，繁殖而引起肠道组织损伤、出血，导致鸡群出现饲料转化率降低、死亡等不同病症的一种常见原虫病，其中，寄生在盲肠黏膜上皮细胞内的柔嫩艾美耳球虫的致病力量强，主要侵害 3～5 周龄的雏鸡，又称盲肠球虫；另一种是侵害小肠黏膜的毒害艾美耳球虫，又称小肠球虫。本病一年四季均可发生，在温暖潮湿的季节尤其多发，特别是南方的梅雨季节，由于气温相对偏高，加之降雨多，饲养密度大或卫生条件恶劣时，球虫便会大量繁殖。

（2）流行特点。各个品种的鸡均有易感性，地面平养鸡一般在 10～30 日龄为常发，发病率和致死率都较高，鸡群中少数发病鸡感染后排红色血便，有的出现黄色、酱色或番茄样粪便，其余鸡见红色啄食后被感染，然后逐渐传播开来。在饲养管理条件不良，鸡舍潮湿、拥挤，维生素缺乏，饲养密度大，卫生条件较差时，最易发生本病。在潮湿多雨、气温较高的梅雨季节易暴发球虫病。

（3）症状与病理变化。

症状：病鸡表现精神沉郁，羽毛蓬松，头卷缩，食欲减退，嗉囊内充满液体，排出带血的稀便，重者排血便。血便如果是鲜红色则有可能感染了盲肠球虫病，暗红色则可能感染了小肠球虫病。有的病鸡表现运动失调、贫血、鸡冠和可视黏膜贫血、苍白，逐渐消瘦。

病理变化：患盲肠球虫病的鸡，剖检可见两侧明显肿胀至数倍，肠壁肥厚，有许多出血斑并发生糜烂，肠腔内充满血液或血凝块，内含坏死脱落的黏膜，病程稍长的有暗红色干酪样物。患小肠球虫的病死鸡，病变多发生在小肠前段，病变肠管异常粗大，一般比正常粗大 2～3 倍，浆膜面有大量白色斑点和出血点。

（4）诊断。根据临床症状、流行病学调查、病理剖检变化和病原检查结果进行综合判断。

（5）防治。

预防：一是强化饲养管理，注意温度、湿度变化，尤其是地面饲养的鸡群，做好环境卫生，处理好粪便。提供充足清洁的饮水和全价饲料，防止缺乏某种营养元素，尤其防止维生素 A 缺乏。保持鸡舍干燥、鸡场卫生，定期清除粪便，堆放；发酵以杀灭卵囊；二是定期清洗鸡舍，保持饲料、饮水清洁；更换垫料，保持通风干燥；笼具、料槽、水槽定期消毒。

治疗：治疗球虫效果较好又便宜的药物首选地克珠利、妥曲珠利和氨丙啉。并适当添加维生素，特别是维生素 A、维生素 K 及维生素 B，效果显著。

2. 鸡绦虫病

鸡绦虫病是由赖利属的多种绦虫寄生于鸡的十二指肠中引起的，常见的赖利绦虫有棘沟赖利绦虫、四角赖利绦虫和有轮赖利绦虫等三种。

（1）病原。棘沟赖利绦虫和四角赖利绦虫是大型绦虫，两者外形和大小很相似，长 25cm，宽 1~4mm。棘沟赖利绦虫是鸡体内最大的绦虫。头节上的吸盘呈圆形，上有 8~10 列小钩，顶突较大，上有钩 2 列，中间宿主是蚂蚁。四角赖利绦虫，头节上的吸盘呈卵圆形，上有 8~10 列小钩，颈节比较细长，顶突比较小，上有 1~3 列钩，中间宿主是蚂蚁或苍蝇。有轮赖利绦虫较短小，头节上的吸盘呈圆形，无钩，顶突宽大肥厚，形似轮状，突出子虫体前端，中间宿主是甲虫。棘沟赖利绦虫和四角赖利绦虫的虫卵包在卵囊中，每个卵囊内含 6~12 个虫卵。有轮赖利绦虫的虫孵也包在卵囊中，每个卵囊内含 1 个虫卵。

（2）流行特点。放养的禽群易感染。各种年龄的鸡均能感染，其他如火鸡、雉鸡、珠鸡、孔雀等也可感染，17~40 日龄的雏鸡易感性最强，死亡率也最高。

本病多发生于夏秋季节，环境潮湿，卫生条件差，饲养管理不良均易引起本病的发生，近年来成年鸡发病较多。

（3）症状与病理变化。

症状：病鸡表现为下痢，表现为粪便稀且有黏液，有时混有血样黏液。轻度感染造成雏鸡发育受阻，成年鸡症状不明显，以感染虫体的数量和鸡的抵抗力大小表现产蛋率下降或停止，蛋壳颜色变浅，体重增长缓慢，最突出的症状为黑色粪便上有乳白色圆形虫卵，有蠕动感。寄生绦虫量多时，可使肠管堵塞，肠内容物通过受阻，造成肠管破裂和引起腹膜炎。绦虫代谢产物可引起鸡体中毒，出现神经症状。病鸡食欲不振，精神沉郁，贫血，鸡冠和黏膜苍白，极度衰弱，两足常发生瘫痪，不能站立，最后因衰竭而死亡。

病理变化：肠黏膜肥厚，肠腔，内有多量黏液、恶臭味，大量虫体寄生可引起肠阻塞，肠黏膜遭受破坏，引起肠炎。肠道有灰黄色的结节，中央凹陷，其内可找到虫体或黄褐色干酪样栓塞物。脾脏肿大。肝脏肿大呈土黄色，往往出现脂肪变性，易碎，部分病例腹腔充满腹水；小肠黏膜呈点状出血，严重者，虫体阻塞肠道，剪开肠道，在充足的光线下，可发现白色带状的虫体或散在的节片。如把肠道放在一个较大的带黑底的水盘中，虫体就更易辨认。

（4）诊断。根据鸡群的临床症状及流行特点进行初步诊断，剖检病鸡发现病变与大量虫体即可作出诊断。

（5）防治。

预防：经常清扫鸡舍，及时清除鸡粪，做好防蝇灭虫工作。幼鸡与成鸡分开饲养，采用全进全出制。定期进行药物驱虫，建议在 60 日龄和 120 日龄各预防性驱虫一次。

治疗：硫双二氯酚，鸡每千克体重 150～200mg，一次口服；氯硝柳胺，鸡每千克体重 50～60mg，一次口服；吡喹酮，鸡每千克体重 10～15mg，一次口服；丙硫咪唑，鸡每千克体重 15～20mg，一次口服。

3. 鸡蛔虫病

鸡蛔虫病是禽蛔科禽蛔属的鸡蛔虫寄生于鸡肠道内所引起的一种线虫病。鸡蛔虫分布广，感染率高，对雏鸡危害性很大，严重感染时常发生大批死亡。

（1）病原。鸡蛔虫是寄生于鸡体内最大的一种线虫。虫体黄白色，圆筒形，体表角质层具有横纹，口孔位于体前端。雄虫长 2.6～7cm，在泄殖孔的前方具有一个近似椭圆形的肛前吸盘，吸盘上有明显的角质环。雌虫长 6.5～11cm，阴门位于虫体的中部。虫卵呈椭圆形，卵壳厚，深灰色，大小为 70～90μm×47～51μm。

（2）流行特点。鸡蛔虫病的流行包括病原的存在、虫卵发育所需的外界条件、虫卵污染饲料或饮水和宿主的易感性等四个环节。雏鸡在 3～4 月龄时，特别易感染鸡蛔虫，但随着年龄的增大，其易感性则逐渐降低。1 岁龄以上的鸡，在饲养管理良好的情况下，很少感染。饲养管理不善，饲料中缺乏维生素 A 和维生素 B 时，易遭受感染。平养比笼养鸡容易感染。

（3）症状与病理变化。

症状：鸡轻度感染时常无明显的临诊症状。严重感染时，患病雏鸡表现为生长不良，食欲减退，精神萎靡，行动迟缓，两翅下垂，羽毛松乱，鸡冠苍白，下痢和便秘交替出现，有时稀粪中带有血液，躯体逐渐消瘦。感染极严重者粪便可能血染，有时麻痹，常因极度衰弱而死亡。成鸡一般不会严重感染，个别严重感染者，表现瘦弱、贫血、产蛋减少和不同程度的腹泻。

病理变化：在病鸡的大小肠内可以发现成虫，感染严重时，成虫大量聚集，可能发生肠阻塞或肠破裂，偶尔在输卵管和鸡蛋中也能发现虫体。

（4）诊断。采集鸡粪用饱和盐水漂浮法检查虫卵，鸡蛔虫虫卵表面光滑。结合剖检病鸡或死鸡，在小肠部位找到虫体可确诊。

（5）防治。

定期清洁禽舍，定期消毒，对鸡粪进行堆积发酵处理，杀灭虫卵。治疗或预防可选用以下药物。

左旋咪唑：每千克体重口服量为20mg，一次口服。

丙硫咪唑：每千克体重口服量为25mg，一次口服。

丙氧咪唑：每千克体重口服量为40mg，一次口服。

4. 鸡虱病

寄生于禽类的虱称为羽虱，是禽类体表的永久性寄生虫，常具有严格的宿主特异性，而且寄生部位也较恒定。有虱寄生的禽类出现奇痒，因啄痒造成羽毛断折、消瘦、产蛋减少，往往给养禽业带来很大的损失。虱呈世界性分布，我国各地均有发现。

（1）病原。羽虱的形体很小，小的不到1mm，大的一般体长也仅5～6mm，呈淡黄色或灰色。虫体扁平，分头、胸和腹三部分。头部钝圆，胸部无翅，有 3 对足；腹部无附肢，由 11 节组成，但最后数节常变成生殖器。虱的发育过程包括卵、若虫和成虫三个阶段，整个发育在禽体表进行。

（2）流行特点。虱的传播主要是通过禽与禽的直接接触，或通过禽舍、饲养用具和垫料等间接传染。羽虱离开宿主仅能存活 3 ~ 4 天，日光照射高温（35 ~ 38℃）能使羽虱很快死亡，因此，虱感染多见于寒冷的季节。

（3）症状与病理变化。羽虱以羽毛、绒毛及表皮鳞屑为食，使禽类发生奇痒和不安，因啄痒而伤及皮肉，羽毛脱落，常引起食欲不佳、消瘦和生产力降低。有时还可见皮肤上形成痂皮、出血、寝食难安、甚至引起贫血，消瘦、生长发育停止，产蛋下降啄羽、啄肛等。

（4）诊断。在禽体表发现虱或虱卵即可确诊。

（5）防治。经常清扫洗刷地面用具等，及时清理粪便，加强饲养管理，保持鸡舍内清洁卫生，干燥和通风。杀虫可选以下药物：溴氰菊酯：按 0.0025% ~ 0.01% 药液浓度喷雾或浸浴，具有 100% 的杀灭疗效。20% 氰戊菊酯乳油：按 0.02% ~ 0.04% 药液浓度喷雾。双甲脒：按 0.05% 药液浓度喷雾。伊维菌素：每千克体重 100 ~ 200ug，皮下或肌肉注射。对羽虱的控制：在肉用鸡的生产中，更新鸡群时，应对整个禽舍和饲养用具进行灭虱。常用药物有蝇毒灵（0.06%）甲萘威（5%）及其他除虫菊酯药物。对饲养期较长的鸡，可在饲养场内设置砂浴箱，砂浴箱中放置 10% 硫黄粉或 4% 的马拉硫磷粉。对新引进的鸡，经严格检查无虱后，方可并群饲养。对有虱病的禽类，应及时隔离治疗，并对鸡舍、饲养用具等用杀虫药彻底喷洒。

七、动物寄生虫病防治的注意事项

（1）由于寄生虫病多呈隐性传播，初期病状不明显，往往被人们忽视，而到后期流行暴发时，危害严重，污染环境，病畜不易治愈，给防治工作带来困难。因此，平时应做好预防驱虫工作，定期给动物投服驱虫药物。并且注意药物要选择高效、低毒、广谱、价廉、使用方便的药物，屠宰动物要严格执行休药期规定。

（2）制定防治计划要科学有效，由于寄生虫病种类繁多，危害重，部分寄生虫病还可感染人类。因此，要了解各类寄生虫的生活习性、发育史、致病条件和流行规律，必要时借助仪器，经实验室确诊后，才能采取准确有效的措施加以预防，避免盲目用药造成资源浪费，污染环境。

（3）畜禽的饲料要全价，保证各种营养的供给；还应补充一些增强抵抗力、促进生长发育的微量元素、维生素和矿物质，确保畜禽的营养需要。平时要加强管理，减少应激因素，使动物获得利于健康的环境，从而保证机体充分发挥防御机能，抵抗寄生虫感染及其致病作用，增强机体的抗病抵抗能力。

（4）注意驱虫时间的确定，一般应在"虫体性成熟前驱虫"，防止性成熟的成虫排出虫卵或幼虫，污染外界环境。或采取"秋冬季驱虫"，此时驱虫有利于保护畜禽安全过冬；秋冬季外界寒冷，不利于大多数虫卵或幼虫存活发育，可以减少对环境的污染。在驱虫后应及时收集排出的虫体和粪便，用"生物热发酵法"进行无害化处理，防止散播病原。

（5）在组织大规模驱虫、杀虫工作前，先选小群动物做药效及药物安全性试验，在取得经验之后，再全面开展。

（6）在驱虫时，注意防止产生耐药性。

（7）平时搞好环境卫生，定期消毒圈舍、用具等，确保饮水、饲料、环境安全无污染，这是防治动物寄生虫最基本的方法。

第六节　动物环境卫生基础知识

一、动物环境卫生的概念

动物的环境：是指除遗传因素以外的一切影响动物生存、繁殖、生产和健康的因素，包括外环境和内环境。

内环境：指机体内部一切与生存有关的物理的、化学的、生物的因素。

外环境：可分为自然环境和人为环境。

动物环境卫生学：主要研究畜禽与外界环境因素之间相互作用和影响的基本规律，并依据这些规律制定利用、保护、改善、控制畜牧场和畜（禽）舍环境的技术措施，发展可持续畜牧业的一门科学。

二、环境因素与微生物的关系

在自然界，各种不同类群的微生物能在多种不同的环境中生长繁殖。微生物与微生物之间，微生物与其他生物之间彼此联系，相互影响。通常，这种彼此之间的相互关系可归纳为四大类，即互生、共生、颉颃和寄生。

（一）互生

是指两种可以单独生活的生物生活在一起时有利于对方。这是一种可分可合，合比分好的相互关系。例如，在畜禽肠道中，正常菌群可以完成多种代谢反应，对动物机体生长发育有重要意义，而畜禽的肠道则为微生物提供了良好的生态环境。

（二）共生

是指两种生物共居在一起相互分工协作，彼此分离就不能很好地生活。例如，牛、羊、鹿、骆驼等反刍动物，吃的草料为它

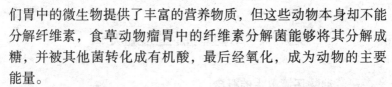

们胃中的微生物提供了丰富的营养物质，但这些动物本身却不能分解纤维素，食草动物瘤胃中的纤维素分解菌能够将其分解成糖，并被其他菌转化成有机酸，最后经氧化，成为动物的主要能量。

（三）颉颃

是指一种微生物在其生命活动中，产生某种代谢产物或改变环境条件，从而抑制其他微生物的生长繁殖，甚至杀死其他微生物的现象。在制造青贮饲料时，乳酸杆菌产生大量乳酸，导致环境变酸，即 pH 值的下降，抑制了其他微生物的生长，这属于非特异性的颉颃作用。而可产生抗生素的微生物，则能够抑制甚至杀死其他微生物，例如，青霉菌产生的青霉素能抑制一些革兰氏阳性细菌，链霉菌产生的制霉菌素能够抑制酵母菌和霉菌等，这些属于特异性的颉颃关系。

（四）寄生

寄生关系指两种生物在一起生活，一方受益，另一方受害，后者给前者提供营养物质和居住场所。主要的寄生物有细菌、病毒、真菌和原生动物。例如，动物体表或体内的病毒，以及一些寄生性细菌、真菌等即是如此。

三、影响动物的环境卫生因素

（一）饲料

优质的饲料、饲草能够促进动物生长、发育，提高生产性能，但一些劣质饲料、饲草不仅不能促进动物生长，往往还会引起动物发病，导致生产性能下降等。例如，在奶牛饲养中饲喂劣质的粗饲料，其结果容易出现奶牛产后瘫痪、乳房炎、不发情、屡配不孕、难产、胎衣不下等疾患，以及产奶量下降、乳脂率降低，严重地降低了奶牛的生产性能，死亡率、淘汰率升高，缩短奶牛的利用年限。

（二）兽药

合理、科学使用兽药能预防、治疗动物疾病，调节动物生理机能。反之，若用药不当，不仅不能预防和治疗动物疾病，还会加重病情，甚至导致动物死亡。

（三）饮水

水是机体代谢反应的介质，是动物维持生命的必需物质。因此，饮水安全对动物生长发育至关重要，水质污染极易造成动物发病。

（四）人员

人员的流动会造成动物疫病传播，同时，也会引起动物的应激反应。

除此之外，影响动物的环境因素还包括空气、温度、光照、土壤等。

四、养殖场废气物处理

养殖场的废气物处理主要包括病死动物的无害化处理、污水处理和粪便处理。

（一）病死动物无害化处理

在基础条件较好的地方，养殖场（户）应按照当地畜牧兽医主管部门的要求，将病死动物送无害化处理场进行集中无害化处理；建立有无害化处理池或焚烧炉的养殖场（户），病死动物尸体按相应条件进行无害化处理。尚不具备上述条件的，病死动物尸体可用掩埋消毒法进行无害化处理。病死动物无害化处理技术详见第三章第六节。

（二）污水处理

污水中可能含有有害物质和病原微生物，如不经处理，任意排放，将污染江、河、湖、海和地下水，直接影响工业用水和城市居民生活用水的质量，甚至造成疫病传播，危害人、畜健康。

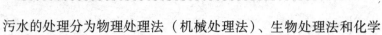

污水的处理分为物理处理法（机械处理法）、生物处理法和化学处理法3种。

1. 物理处理法

物理处理法也称机械处理法，是污水的预处理（初级处理或一级处理），物理处理主要是去除可沉淀或上浮的固体物，从而减轻二级处理的负荷。最常用的处理手段是筛滤、隔油、沉淀等机械处理方法。筛滤是用金属筛板、平行金属栅条筛板或金属丝编织的筛网，来阻留悬浮固体碎屑等较大的物体。经过筛滤处理的污水，再经过沉淀池进行沉淀，然后进入生物处理或化学处理阶段。

2. 生物处理法

生物处理法是利用自然界的大量微生物（主要是细菌）氧化分解有机物的能力，除去废水中呈胶体状态的有机污染物质，使其转化为稳定、无害的低分子水溶性物质、低分子气体和无机盐。根据微生物作用的不同，生物处理法又分为好氧生物处理法和厌氧生物处理法。好氧生物处理法是在有氧的条件下，借助于好氧菌和兼性厌氧菌的作用来净化废水的方法。大部分污水的生物处理都属于好氧处理，如活性污泥法、生物过滤法、生物转盘法。厌氧生物处理法是在无氧条件下，借助于厌氧菌的作用来净化废水的方法，如厌氧消化法。

3. 化学处理法

经过生物处理后的污水一般还含有大量的菌类，特别是屠宰污水含有大量的病原菌，需经消毒药物处理后，方可排出。常用的方法是氯化消毒，将液态氯转变为气体，通入消毒池，可杀死99%以上的有害细菌。也可用漂白粉消毒，即每千升水中加有效氯0.5kg。

（三）粪便处理

粪便污物消毒方法有生物热消毒法、掩埋消毒法、焚烧消毒法和化学药品消毒法。

1. 生物热消毒法

生物消毒法是利用微生物在分解有机物过程中释放出的生物热，杀灭病原性微生物和寄生虫卵的过程。在有机物分解过程中，畜禽粪便温度可以达到60℃～75℃，可以使病原性微生物及寄生虫卵在十几分钟至数日内死亡。生物消毒法是一种经济简便的消毒方法，能杀死大多数病原体，主要用于粪便消毒。此种方法通常有发酵池法和堆粪法两种。

（1）发酵池法。适用于动物养殖场，多用于稀粪便的发酵。

（2）堆粪法。适用于干固粪便的发酵消毒处理。

2. 掩埋消毒法

此种方法简单易行，但缺点是粪便和污物中的病原微生物可渗入地下水，污染水源，并且损失肥料。适合于粪量较少，且不含细菌芽胞。

3. 焚烧消毒法

焚烧消毒法是消灭一切病原微生物最有效的方法，故用于消毒最危险的传染病畜禽粪便（如炭疽、牛瘟等）。可用焚烧炉，如无焚烧炉，可以挖掘焚烧坑，进行焚烧消毒。

4. 化学药品消毒法

用化学消毒药品，如含2%～5%有效氯的漂白粉溶液、20%石灰乳等消毒粪便。这种方法既麻烦，又难达到消毒的目的，故实践中不常用。

五、动物饲养场防疫条件

（一）场区选址适宜

场区应建在地势高燥、背风向阳和村庄的下风向，且未被污染和没有发生过重大动物疫情的地方。距离生活饮用水源地、公路铁路等主要交通干线、城镇居民区、文化教育科研等人口密集区、动物屠宰加工场所、动物及动物产品集贸市场、动物诊疗场所及其他畜禽养殖场（小区）500m以上，距离种畜禽场1 000m以上；距离动物隔离场所、无害化处理场所3 000m以上。

种畜禽场建设要求更高，一般应距离生活饮用水源地、公路铁路等主要交通干线、城镇居民区、文化教育科研等人口密集区、动物饲养场（小区）1 000m以上；距离动物隔离场所、无害化处理场所、动物屠宰加工场所、动物及动物产品集贸市场及动物诊疗场所3 000m以上。

（二）规划布局合理

场区周围建有围墙，场区出入口处设置与门同宽，长4m、深0.3m以上的消毒池；生产区与生活办公区分开，并建有隔离设施；生产区入口处设置更衣消毒室；各养殖栋舍出入口设置消毒池或消毒垫；生产区内清洁道、污染道分设；生产区内各养殖栋舍之间距离应在5m以上或有隔离设施。

（三）配备必要的设施设备

场区入口处配置消毒设备；生产区有良好的采光、通风设施设备；圈舍地面和墙壁选用适宜材料，以便清洗消毒；配备具有疫苗冷冻（冷藏）设备、消毒和诊疗等防疫设备的兽医室，或者有兽医机构为其提供相应服务；有与生产规模相适应的无害化处理设施设备；有与生产规模相适应的污水污物处理设施设备；有相对独立的引入动物隔离舍；有相对独立的患病动物隔离舍；种畜禽场还需有必要的防鼠、防鸟、防虫设施或方法。

（四）配备兽医人员

动物饲养场（小区）应当有与其养殖规模相适应的执业兽医或乡村兽医；从事动物饲养的工作人员不得患有相关的人畜共患传染病。

（五）建立防疫制度

要建立免疫制度、兽药使用制度、检疫申报制度、疫情报告制度、消毒制度、无害化处理制度、畜禽标识制度、养殖档案和有国家规定的动物疫病的净化制度。

六、改善环境卫生的措施

（一）控制和消除空气中的有害物质

畜禽舍和畜牧场中的有害气体主要有氨气、硫化氢、一氧化碳、二氧化碳等。

①从畜舍卫生管理着手，及时清除粪尿污水，不使它在舍内分解腐烂。

②从畜舍建筑设计着手，在畜舍内设计除粪装置和排水系统。

③注意畜舍的防潮。

④必须合理通风换气，以清除舍内的有害气体。

（二）加强畜牧场废弃物的处理与利用

畜牧场废弃物的处理在前面已做了详细介绍，在此不再赘述。废弃物的利用可以用作肥料、生产沼气和用作饲料。

（三）加强动物疾病预防与治疗

①加强免疫，提高动物机体免疫力，防止动物疫情发生。

②科学合理使用兽药，有效治疗动物疾病，减少动物死亡率。

③严禁使用禁用药物，严格执行休药期。

（四）防止饮水和饲料的污染

1. 防止饮水污染的措施

从畜禽舍建筑方面防止污染；注意保护水源；做好饮水卫生工作；做好饮水的净化与消毒处理；做好污水处理与排放工作。

2. 防止饲料污染的措施

防止饲料原料的污染；做好饲料收储；控制饲料原料的水分及温度；提高饲料原料的质量；原料采购要有计划性。

（五）做好疫情处置

发生疫情时，要在当地兽医主管部门的指导下，按规程做好疫情处置工作，主要措施包括紧急免疫、紧急监测、隔离、封锁、扑杀、消毒和畜禽尸体的无害化处理。

（六）绿化环境

1. 绿化环境的卫生学意义

改善场内的气候；净化空气；减少微粒；减少噪声。

2. 植物的种植

（1）场界绿化带。在畜牧场场界周边种植高大的乔木或乔、灌木，混合组成林带。

（2）场内隔离林带。在畜牧场各功能区之间或不同单元之间，可以以乔木和灌木混合组成隔离林带，防止人员、车辆及动物随意穿行，以防止病原体的传播。

（3）道路两旁林带。在场内外道路两旁，种植 1~2 行树冠整齐美观、枝叶开阔的乔木或亚乔木。

（4）运动场遮荫林带。在运动场四周，种植树冠高大，枝叶茂盛、开阔的乔木。

（5）草地绿化。畜牧场不应有裸露地面，除植树绿化外，还应种草、种花。

（七）加强环境卫生监测

环境卫生监测是指对环境中某些有害因素进行调查和测量。加强环境监测包括两方面内容。

1. 加强动物所处环境的监测

对畜禽舍、牧场所用的空气、水质、土质、饲料等进行监测。

2. 加强动物对环境污染的监测

对畜牧生产所排的污水、废弃物及畜产品进行监测。

第七节 兽用药物基础知识

兽药作为防治动物疾病的一种特殊的商品，其质量的好坏直接关系到治疗效果，因而对促进畜牧业的发展、维护人畜健康和兽药生产企业的兴衰，至关重要。

一、药物基本常识

药物是指用于治疗、预防或诊断疾病的物质。从理论上说，凡是能影响机体器官生理功能或细胞代谢活动的化学物质都属于药物范畴。

（一）药物作用的基本规律

1. 药物作用

药物对机体组织细胞原有生理、生化机能的影响。凡能使组织活动增强或生化变化的酶活性增高的称兴奋作用，反之，使组织活动减弱或酶活性降低的称抑制作用。

2. 选择性

动物机体和组织器官对同一药物的反应各不相同，有表现强弱明显不同的药物效应。选择性是相对的，与剂量有关。选择性高，副作用小。

3. 二重性

药物作用的二重性包括治疗作用和不良反应。

（1）治疗作用。对症治疗、对因治疗。

（2）不良反应。

①副作用。在治疗剂量下产生与治疗目的无关的作用。为药物所固有，一般反应轻微，能适应，停药后可自行消失。副作用是药物选择性低的结果。

②毒性作用。剂量过大或用药时间过长后，药物引起机体生

理、生化或组织结构的病理变化，分为急性毒性、慢性毒性、特殊毒性（致畸、致癌、致突变）等。

③过敏反应。包括高敏性（小于常用量的药物能引起与中毒相同的反应）与变态反应（少数动物对某些药物出现一些与众不同的病理反应），属免疫反应范畴，与剂量无关。

④继发反应。继发于治疗作用后出现的不良反应。如二重感染和维生素 B、维生素 K 缺乏（大量使用广谱抗生素后）。

（3）量效关系。在一定的剂量范围内，药物的效应随着剂量的增加而增强，定量阐述药物剂量与效应之间的规律。无效量→最小有效量→极量→最小中毒量→致死量。

（4）时效关系。药物效应随时间变化的关系。可分为潜伏期、高峰期、持效期和残留期等。

（二）药物作用的影响因素

药物在机体内产生的药理作用和效应是药物和机体相互作用的结果，受药物和机体的多种因素影响。影响药物的因素主要有药物剂型、剂量和给药途径、合并用药与药物相互作用；机体的因素主要有年龄、畜别、品种、遗传变异、生理和病理因素。

（三）药物在体内的过程

包括吸收（由给药部位进入血液循环）、分布（由血液进入全身各组织器官）、转化（指药物在体内化学结构改变）和排泄（原形成代谢物从体内排出）等过程，转化与排泄在药动学上统称消除。

（四）药物的剂量

使用药物必须认真计算剂量，也就是药物的用量。不同的动物，不同的疾病，在疾病的不同发展阶段，用药的量是不同的。药物剂量的计量单位表示法、药物剂型不同，剂量单位表示法也不一样。

1. 以重量计量

主要用于粉剂和片剂等固体制剂，其表示法为：1 千克（kg）＝1 000 克（g）；1 克（g）＝1 000 毫克（mg）；1 毫克（mg）＝1 000 微克（μg）；1 微克（μg）＝1 000 纳克（ng）。

2. 以容量计量

主要适用于注射剂等溶液制剂，其表示法为：1 升（L）＝1 000 毫升（mL）；1 毫升（mL）＝1 立方厘米（cm^3）。

3. 以百分浓度计量

适用于固体和溶液制剂，溶液制剂表示每 100mL 溶剂中含多少克药物，例如，10% 的葡萄糖溶液，表示在 100mL 溶液中含有葡萄糖 10g；粉剂、散剂等固体制剂则表示每 100g 制剂中含药物多少克，例如，5% 的氧氟沙星散剂表示每 100g 散剂中含氧氟沙星 5g。

4. 以"单位"或"国际单位"计量

主要是用于某些抗生素、维生素、激素和抗毒素类生物制品的使用单位。通过生物鉴定，具有一定生物效能的最小效价单位叫单位（U）；经由国际协商规定出的标准单位称为国际单位（IU）。

①抗生素。抗生素多用国际单位（IU）表示，有时也以微克、毫克等重量单位表示，如青霉素 G，1 个国际单位（IU）＝0.6 微克（μg）青霉素 G 钠纯结晶粉或 0.625μg 钾盐，80 万单位青霉素钠应为 0.48g；1 毫克制霉菌素＝3700 单位（U），1 毫克杆菌肽＝40 单位（U）。

②维生素。国际联盟卫生组织的维生素委员会规定了各种维生素的国际单位，维生素 A、维生素 D、维生素 E 一般用国际单位（IU）表示，其他维生素则以重量单位表示。1 个国际单位（IU）维生素 A＝0.3 微克（μg）维生素 A 醇＝0.344 微克（μg）维生素 A 醋酸酯；1 个国际单位（IU）维生素 D＝0.025 微克（μg）结晶维生素 D_3 的活性；1 个国际单位（IU）维生素

E = 1 毫克（mg）DL-2 生育酚醋酸酯。在实际应用中，维生素 B_1、维生素 B_2 常用重量作单位。

③激素与酶。在饲料中添加酶制剂，常用酶活性单位（FIU）表示，用含有活性单位去换算用量。激素用国际单位（IU）表示，各种激素 1 个国际单位折合国际标准制剂的重量为黄体酮 1mg、绒毛促性腺素 0.1mg、垂体激素 0.5mg、催乳激素 0.1mg，即 1IU = 1mg 黄体酮 = 0.1mg 绒毛促性腺素 = 0.5mg 垂体激素 = 0.1mg 催乳激素。

④抗毒素。通常以能中和 100 单位毒素的量，作为一个抗毒素单位。

二、兽药的基础知识

（一）概念

兽药是指用于畜禽等动物的药物，它还包括能促进动物生长繁殖和提高生产性能的物质。按照《兽药管理条例》，兽药是指用于预防、治疗、诊断动物疾病或者有目的地调节动物生理机能的物质（含药物饲料添加剂），主要包括：血清制品、疫苗、诊断制品、微生态制品、中药材、中成药、生化药品、放射性药品及外用杀虫剂、消毒剂等。饲料添加剂是指为满足特殊需要而加入动物饲料中的微量营养性或非营养性物质，饲料药物添加剂则指饲料添加剂中的药物成分，亦属于兽药的范畴。在我国，蜂药、蚕药及水产药也列入兽药管理。

（二）特点

1. 是专门用于预防、治疗、诊断动物疾病的药品

2. 兽药的包装、用药剂量、投药途径与方法，都是根据动物本身的特点制定的

例如：兽药的包装规格比较大，有的兽药剂型可以通过饲料给药。

3. 兽药的使用对象有严格的界限

比如，反刍动物对某一些麻醉药比较敏感，牛对汞制剂耐受性很低，呋喃类药物易引起禽类中毒，草食动物使用抗生素易引起消化机能失常等。

（三）常见剂型

1. 注射剂

是灌封于特制容器中并专供注射用的灭菌制剂。

2. 粉剂

是一种或多种化学药物经粉碎后均匀混合制成的干燥粉末状制剂。

3. 散剂

是一种或多种中草药经粉碎后均匀混合制成的干燥粉末状制剂。

4. 预混剂

是一种或多种药物加适宜的基质（如碳酸钠、麦麸、玉米粉等）均匀混合制成的粉末状或颗粒状制剂。

5. 溶液剂

是一种或多种可溶性药物溶解于适宜溶剂中（如水、乙醇或油等）制成澄清溶液供内服或外用的液体制剂。

6. 片剂

是一种或多种药物与适宜的辅料均匀混合加压成圆片状的固体制剂。

（四）分类

兽药品种繁多，根据不同方式可以分成不同的种类。

1. 按成分分类

可分为血清、菌（疫）苗、诊断液等生物制品；兽用的中药材、中成药、化学药品；抗生素、生化药品、放射性药品、外用杀虫剂及消毒剂。

2. 按性质分类

可分为兽药（除兽用生物制品外）和兽用生物制品。

3. 按用途分类

可分为预防性、治疗性、诊断性和保健性（促生长）兽药。

4. 按管理分类

可分为兽用处方药和兽用非处方药。兽用处方药，是指凭兽医处方方可购买和使用的兽药，按《兽用处方药品种目录（第一批）》（农业部第 1997 号公告），第一批兽用处方药包括有抗微生物药、抗寄生虫药、中枢神经系统药物、外周神经系统药物、抗炎药、泌尿生殖系统药物、抗过敏药、局部用药物、解毒药共 9 类 227 个品种。

兽用非处方药，是指由国务院兽医行政管理部门公布的、不需要兽医处方笺即可自行购买并按照说明书使用的兽药。按农业部《兽用处方药与兽用非处方药管理办法》规定，兽用处方药目录以外的兽药为兽用非处方药。

5. 《兽药管理条例》中还定义了新兽药、假兽药和劣兽药

新兽药是指未曾在中国境内上市销售的兽用药品。

假兽药是指以非兽药冒充兽药的兽药，所含成分的种类、名称与国家标准、行业标准或者地方标准不符合的；未取得批准文号的；国务院兽医行政管理部门规定禁止使用的。

劣兽药是指兽药成分含量与国家标准、行业标准或者地方标准规定不符合的；超过有效期的；因变质不能药用的；因被污染不能药用的；其他与兽药标准规定不符合，但不属于假兽药的。

（五）用药原则

应当遵循"安全性、有效性、经济性、适当性"四大原则，合理用药。

1. 安全性

用药的安全性是指要求使用的兽药质量合格、毒性低、副作

用小、风险小。对临近出栏的动物，要严格执行休药期，保障畜禽产品安全。

2. 有效性

用药的有效性是指治疗畜禽疾病时，应有针对性地选择兽药，做到辨明病症、对症下药、因病施治。

3. 经济性

在兽药的安全性和有效性得以保证的前提下，还应该考虑用药是否经济，能否做到节时、省力，使经济效益最大化。用药的经济性并非单纯地指尽量少用药或只用廉价兽药，还应考虑对畜禽生产性能的影响。

4. 适当性

用药的适当性是指遵照执业兽医师的要求和兽药说明书上的用法、用量来使用药物，以保证用药的安全和有效，包括适当的用药对象、适当的时间、适当的剂量、适当的疗程等。

（六）储藏要求

避光、密闭、密封、熔封或者严封、存放在阴凉处、凉暗处或者冷处。

三、兽药产品的管理

（一）兽药产品的批准文号和效期

1. 批准文号

兽药产品的批准文号简称批号，是农业部根据兽药国家标准、生产工艺和生产条件批准特定兽药生产企业生产特定兽药产品时核发的兽药批准证明文件。

（1）批准文号的有效期：为5年。如某兽药产品批准文号取得日期为2012年12月31日，20180101以后必须重新换新的批准文号。

（2）批准文号的格式：2004年11月24日农业部发布的新

的兽药批准文号的编制格式为：

兽药类别简称＋年号＋企业所在地省份（自治区、直辖市）序号＋企业序号＋兽药品种编号

①兽药类别的简称。药物添加剂的类别简称为"兽药添字"；血清制品、疫苗、诊断制品、微生态制品等的类别简称为"兽药生字"；中药材、中成药、化学药品、抗生素、生化药品、放射性药品、外用杀虫剂和消毒剂等的类别简称为"兽药字"。

②年号用 4 位数表示，即核发产品批准文号时的年份。

③企业所在地省份序号用 2 位阿拉伯数字表示，由农业部规定并公告。

④企业序号按省排序，用 3 位阿拉伯数字表示，由农业部公告。

⑤兽药品种编号用 4 位阿拉伯数字表示，由农业部规定并公告。

即：

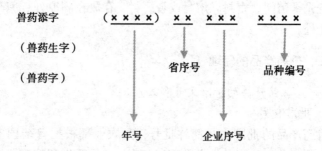

2. 有效期和失效期

（1）有效期，是指兽药在规定的贮藏条件下，能保证其质量的期限；失效期是指药品超过安全有效范围的日期，药品超过此日期，必须废弃，如需使用，需经药检部门检验合格，才能按规定延期使用。

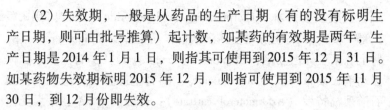

（2）失效期，一般是从药品的生产日期（有的没有标明生产日期，则可由批号推算）起计数，如某药的有效期是两年，生产日期是 2014 年 1 月 1 日，则指其可使用到 2015 年 12 月 31 日。如某药物失效期标明 2015 年 12 月，则指可使用到 2015 年 11 月 30 日，到 12 月份即失效。

（二）动物饲养过程中禁止使用的兽药

（1）《兽药管理条例》明确规定，禁止使用假、劣兽药以及国务院兽医行政管理部门规定禁止使用的药品和其他化合物。禁止在饲料和动物饮用水中添加激素类药品和国务院兽医行政管理部门规定的其他禁用药品。禁止将原料药直接添加到饲料及动物饮用水中或者直接饲喂动物。禁止将人用药品用于动物。

（2）农业部公告第 193 号：《食品动物禁用的兽药及其他化合物清单》所列兽药禁止在各种供人食用或其产品供人食用的动物中使用（附录 1）。

（3）农业部公告第 560 号：列入《兽药地方标准废止目录》序号 1 的兽药品种为农业部 193 号公告的补充，自本公告发布之日起，停止生产、经营和使用（附录 2）。

（4）《中国兽药典》（2005 版）喹乙醇已被禁止用于家禽及水产养殖。喹乙醇作为抗菌促生长剂，仅限用于 35kg 以下猪的促生长，以及防治仔猪黄痢、白痢，猪沙门氏菌感染，休药期 35 日；禁用于体重超过 35kg 以上的猪和禽、鱼等其他种类动物。

（5）农业部公告第 176 号：列入《禁止在饲料和动物饮用水中使用的药物品种目录》的兽药品种，禁止在饲料和动物饮用水中使用（附录 3）。

（6）农业部公告第 1519 号：禁止在饲料和动物饮水中使用的物质包括苯乙醇胺 A（Phenylethanolamine A）：β-肾上腺素受体激动剂；班布特罗（Bambuterol）：β-肾上腺素受体激动剂；盐酸齐帕特罗（Zilpaterol Hydrochloride）：β-肾上腺素受体激动

剂；盐酸氯丙那林（Clorprenaline Hydrochloride）：药典 2010 版二部 P783，β-肾上腺素受体激动剂；马布特罗（Mabuterol）：β-肾上腺素受体激动剂；西布特罗（Cimbuterol）：β-肾上腺素受体激动剂；溴布特罗（Brombuterol）：β-肾上腺素受体激动剂；酒石酸阿福特罗（Arformoterol Tartrate）：长效型 β-肾上腺素受体激动剂；富马酸福莫特罗（Formoterol Fumatrate）：长效型 β-肾上腺素受体激动剂；盐酸可乐定（Clonidine Hydrochloride）：药典 2010 版二部 P645，抗高血压药；盐酸赛庚啶（Cyproheptadine Hydrochloride）：药典 2010 版二部 P803，抗组胺药。

（三）识别假兽药和劣兽药

1. 检查兽药生产企业是否经过批准

凡未经兽药 GMP 认证及未经批准（未取得兽药生产许可证）的企业生产的兽药按假兽药处理。

2. 检查产品批准文号

兽药批准文号的有效期为 5 年，期满后作废。如生产企业继续生产原批准文号的产品，其生产的兽药产品为假兽药。兽药批准文号必须按农业部规定的统一编号格式，如果使用文件号或其他编号代替、冒充兽药生产批准文号，该产品视为无批准文号产品，同样为假兽药。

3. 检查兽药产品是否超过有效期

凡超过有效期的兽药，即可判为劣兽药。

4. 检查是否属于淘汰兽药或国家禁止使用的兽药

如瘦肉精（盐酸克伦特罗）、氯霉素、异丙肾上腺素、多巴胺及 β-肾上腺素等均属国家禁止使用的兽药；盐酸黄连素注射液、2% 或 4% 氨基比林注射液等都属于淘汰兽药。

5. 检查兽药包装及标签

兽药包装必须贴有标签，注名"兽用"字样，并附有说明书。标签或说明书上必须注有注册商标、兽药名称、规格、企业名称、产品批号和批准文号、主要成分、含量、作用、用途、用法、用量、有效期、注意事项等。规定停药期的，应在标签或说明书上注明。自 2014 年 3 月 1 日起，兽用处方药的标签和说明书应当标注"兽用处方药"字样，兽用非处方药的标签和说明书应当标注"兽用非处方药"字样。兽药包装内应附有产品质量检验合格证。

6. 从外观识别变质兽药

对未超过有效期的兽药，从外观判断，若出现变色、浑浊、霉变等，或与其他同类产品相比有异常，可能已变质，不能使用。若某些兽药从外观无法判定其质量优劣时，应送兽药监察部门检测后方可确定。

（四）兽药 GMP 和 GSP 管理

近年来，国家加大了兽药生产企业的监管力度，对不符合兽药生产质量管理规范（以下简称 GMP）的企业，进行了关闭，同时也加大加强了市场抽查的力度，使企业走向了规范化的管理，所以 GMP 既是药品监管部门对药品生产企业进行监管的主要内容，也是企业在生产过程中自我管理的主要依据，它对整个药品生产环节起着至关重要的作用。国家同时也规范了市场经营的管理，凡是开办兽药经营的企业必须要通过兽药经营管理规范（以下简称 GSP）的认证，对不符合要求的坚决取缔。实施 GSP 实质是规范兽药经营环节兽药产品质量的一项必要举措，同时也是兽药经营企业从事兽药经营活动的基本准则。所以规范和实施兽药 GMP 和 GSP 非常重要。

第三章　专业技术与操作技能

第一节　消毒技术

强制消毒是国家动物防疫工作"五强"制之一，是预防、控制和扑灭动物疫病的一项重要措施。是所有从事动物防疫工作人员都应了解和掌握的知识与技术。

一、消毒相关概念

消毒是采取物理的、化学的或生物热的方法，使蛋白质变性、酶失活、遗传物质损坏或细胞的渗透性改变，而杀灭或清除外环境中各种病原微生物，从而达到防止传染病发生、传播和流行的目的。消毒一般以杀灭或清除率达到 90% 为合格。所谓"外环境"除包括无生命的液体、气体和固体物表面外，也包括有生命的动物机体的体表和浅表体腔。

兽医消毒是在"预防为主"的前提下，为减少养殖环境中病原微生物对动物机体的侵袭，避免或控制动物疾病的发生与流行，将养殖环境、用具、动物体表或动物产品的微生物杀灭或清除掉的方法。

用于杀灭外环境中病原微生物的化学药物称为消毒剂。

用物理方法进行消毒的器械或能产生化学消毒剂的器械称为消毒器。

二、消毒的方法

通常采用的消毒方法有机械性消毒法、物理消毒法、化学消毒法、生物消毒法等。

（一）机械性消毒

指使用机械性的方法如清扫、冲洗、洗刷、通风等清除病原体，这是最常用最普通的消毒方法。

（二）物理消毒法

指使用物理因素，包括阳光、紫外线照射及干燥，高温煮沸、蒸汽、火焰烧灼和烘烤等，杀灭或清除病原微生物及其他有害微生物的方法。常用的物理消毒法有自然净化、机械除菌、热力灭菌、辐射灭菌、超声波消毒、微波消毒等6种。

（三）化学消毒法

指使用化学药品的喷雾、熏蒸、浸泡、涂擦、饮用等方法消灭病原微生物的消毒方法。

（四）生物消毒法

指利用微生物间的节制作用，或用杀菌性植物进行消毒。即利用一些微生物在生长过程中形成的环境条件（如高热或酸性等）来杀死或消灭病原体的一种方法。常用的是发酵消毒法，主要用于污染粪便的无害化处理，如粪便堆积发酵。

三、消毒药物

（一）种类

1. 碱类消毒药

包括氢氧化钠（又称火碱、烧碱、苛性钠）、生石灰及草木灰，它们都是直接或间接以碱性物质对病原微生物进行杀灭作用。消毒原理是水解病原菌的蛋白质和核酸，破坏其正常代谢，最终达到杀灭病原微生物的效果。

（1）氢氧化钠（火碱）。对纺织品及金属制品有腐蚀性，故不宜对以上物品进行消毒，而且对于其他设备、用具在用烧碱消毒半天后，要用清水进行清洗，以免烧伤动物的蹄部或皮肤。

（2）草木灰。新鲜的草木灰含有氢氧化钾，通常在雨水淋湿之后，能够渗透到地面，常用于对动物场地的消毒，特别是对野外放养场地的消毒，这种方法，既可以做到清洁场地，又能有效地杀灭病原微生物。

（3）生石灰。在溶于水之后变成氢氧化钙，同时又产生热量，通常配成10%～20%的溶液对动物饲养场的地板或墙壁进行消毒，另外生石灰也用于对病死动物无害化处理，其方法是在掩埋病死动物时先撒上生石灰粉，再盖上泥土，能够有效地杀死病原微生物。

2. 强氧化剂型的消毒药

常用的有过氧乙酸和高锰酸钾，它们对细菌、芽胞和真菌有强烈的杀灭作用。

（1）过氧乙酸。消毒时可配成0.2%～0.5%的浓度，对动物栏舍、饲料槽、用具、车辆、食品车间地面及墙壁进行喷雾消毒，也可以带动物消毒，但要注意因为容易氧化，所以要现用现配。

（2）高锰酸钾。是一种强氧化剂，遇到有机物即起氧化作用，不仅可以消毒，又可以除臭，低浓度时还有收敛作用，动物饮用常配成0.1%的水溶液，治疗胃肠道疾病；0.5%的溶液可以消毒皮肤、黏膜和创伤，用于洗胃和使毒物氧化而分解，高浓度时对组织有刺激和腐蚀性；4%的溶液通常用来消毒饲料槽及用具，效果显著。

3. 新洁尔灭

是一种阳离子表面活性剂型的消毒药，既有清洁作用，又有抗菌消毒效果，它的特点是对动物组织无刺激性，作用快、毒性小，对金属及橡胶均无腐蚀性，但价格较高。0.1%溶液用于器械用具的消毒，0.5%～1%溶液用于手术的局部消毒。但要避免与阴离子活性剂，如肥皂等共用，否则会降低消毒的效果。

4. 有机氯消毒剂

包括消特灵、菌素净及漂白粉等。它们能够杀灭细菌、芽胞、病毒及真菌，杀菌作用强，但药效持续时间不长。主要用于动物栏舍、栏槽及车辆等的消毒。另外，漂白粉还用于对饮水的消毒，但氯制剂有对金属、具腐蚀性、久贮失效等缺点。

5. 复合酚

又名消毒灵、农乐等，可以杀灭细菌、病毒和霉菌，对多种寄生虫卵也有杀灭效果。主要用于动物栏舍、设备器械、场地的消毒，杀菌作用强，通常施药一次后，药效可维持5～7天。但注意不能与碱性药物或其他消毒药混合使用。

6. 双链季铵酸盐类消毒药

如百毒杀，它是一种新型的消毒药，具有性质比较稳定，安全性好，无刺激性和腐蚀性等特点。能够迅速杀灭病毒、细菌、霉菌、真菌及藻类致病微生物，药效持续时间约为10天左右，适合于饲养场地、栏舍、用具、饮水器、车辆、孵化机及种蛋的消毒，另外，也可用于对带动物的场地的消毒。

（二）选择原则

（1）广谱杀毒，对各种病原微生物有强大杀灭作用。

（2）药效显著，不受外部环境的干扰和影响，有强大的耐硬水性能，对环境有较强的适应能力，穿透力强，有较高的抗有机质的性能，作用迅速。

（3）水溶性好，性质稳定，不易氧化分解，不易燃易爆，适于贮存。

（4）附着力、渗透性强大，能长时间驻留在消毒物品表面，并可有效深入裂缝、角落发挥全面消毒功效。

（5）低腐蚀性、刺激性小，减少对各种金属、塑料、木材以及动物皮肤、黏膜的损害。

（6）对环境污染小，价格低廉，易于使用操作。

（三）常用消毒药的配制与使用

1. 20% ~30%草木灰（主含碳酸钾）

取筛过的草木灰 10 ~15kg，加水 35 ~40kg 搅拌均匀后，持续煮沸 1 小时，补足蒸发的水分即成。主要用于圈舍、运动场、墙壁及食槽的消毒。应注意水温在 50 ~70℃时效果最好。

2. 10% ~20%石灰乳（氢氧化钙）

取生石灰 5kg 加水 5kg，待化为糊后，再加入 40 ~45kg 水即成。用于圈舍及场地的消毒，现配现用，搅拌均匀。

3. 石灰粉（氧化钙）

取生石灰块 5kg，加水 2.5 ~3kg，使其化为粉状，或直接取市售袋装石灰粉。主要用于舍内地面及运动场的消毒，兼有吸潮湿作用，过久无效。

4. 2%火碱（氢氧化钠）

取火碱 1kg，加水 49kg，充分溶解后即成 2%的火碱水。如加入少许食盐，可增强杀菌力。冬季要防止溶液冻结。常用于病毒性疾病的消毒，如猪瘟、口蹄疫以及细菌性感染时的环境及用具的消毒。因有强烈的腐蚀性，应注意不要用于金属器械及纺织品的消毒，更应避免接触动物皮肤。

5. 漂白粉（含氯石灰）

取漂白粉 2.5 ~ 10kg，加水 47.5 ~ 40kg，充分搅匀，即为 5% ~20%的漂白粉混悬液。能杀灭细菌、病毒及炭疽芽孢。用于圈舍、饲槽及排泄物的消毒。易潮湿分解，应现用现配。因具有腐蚀性，要避免用于金属器械的消毒。

6. 5%来苏尔

取来苏尔液 2.5kg 加水 47.5kg，拌匀即成。用于圈舍、用具及场地的消毒，但对结核菌无效。

7. 10%臭药水（克辽林）

取臭药水5kg加水45kg，搅拌均匀后即成10%乳状液。用于圈舍、场地及用具的消毒。3%的溶液可驱体外寄生虫。

8. 70%～75%酒精（乙醇）

取95%浓度酒精1 000mL，加水295～391mL，即成70%～75%浓度的酒精，用于皮肤、针头、体温计等消毒。易燃烧，不可接近火源。

9. 5%碘酒

碘片5g，碘化钾2.5g，先加适量酒精溶解后，再加95%的酒精到100mL。外用有强大的杀菌力，常用于皮肤消毒。

四、消毒的种类

消毒可分为预防性消毒和疫源地消毒。

（一）预防性消毒

指尚未发生动物疫病，结合日常饲养管理对可能受到病原微生物或其他有害微生物污染的场合、用具、场地、饮水以及动物群等进行的消毒。可分为日常消毒、即时消毒和终末消毒。

1. 日常消毒

也称为预防性消毒，是根据生产的需要采用各种消毒方法在生产区和动物群中进行的消毒。主要有日常定期对圈舍、道路、动物群的消毒，定期向消毒池内投放消毒剂等；临产前对产房、产栏及临产动物的消毒，对幼仔的断脐、剪耳号、断尾、去势时的术部消毒；人员、车辆出入栏舍、生产区时的消毒；饲料、饮用水及至空气的消毒；器械如体温计、注射器、针头等的消毒。

2. 即时消毒

又称为随时消毒，是当动物群中有个别或少数动物发生一般性疫病或突然死亡时，立即对其所在圈舍进行局部强化消毒，包括对发病或死亡动物的消毒及无害化处理。

3. 终末消毒

也称为大消毒，是采用多种消毒方法对全场或部分圈舍进行全方位的彻底清理与消毒。主要用于全进全出，空栏后。

（二）疫源地消毒

指对存在着或曾经存在着传染病传染源的场舍、用具、场地和饮水等进行的消毒。疫源地消毒的目的是杀灭或清除传染源排出的病原体，包括紧急防疫消毒和终末大消毒。

1. 紧急防疫消毒

在动物疫情发生后至解除封锁前的一段时间内，对养殖场、圈舍、动物的排泄物、分泌物及其污染的场所、用具等及时进行的防疫消毒措施。

2. 终末大消毒

待全部发病动物及疫区范围内所有可疑动物经无害化处理完毕，经过一定的时间再没有新的病例发生，在疫区解除封锁之前，为了消灭疫区内可能残留的所发疫情的病原体所进行的全面彻底的大消毒。

五、防疫工作各环节的消毒

（一）圈舍及用具的消毒

对养殖圈舍，在清扫前关闭动物圈舍门窗，用消毒液将地面喷湿，再彻底清扫，清除的污物堆集在一定的地方做生物热发酵处理。然后根据情况选用消毒液对大棚、门窗、墙壁、栏柱等进行喷雾消毒，饲槽用消毒溶液洗刷。经 2~3 小时后打开门窗通风，用清水冲洗。常用消毒液有 2%~4% 氢氧化钠溶液、2%~4% 福尔马林、3%~5% 来苏尔溶液、10%~20% 石灰乳、30% 草木灰水以及菌毒敌等酚制剂、百毒杀、百菌灭等双季胺盐类制剂、灭毒净等有机酸制剂、5%~2%漂白粉溶液、强力消毒灵等高效氯制剂。定期对保温箱、补料槽、饲料车、料箱、针管等进行消毒。一般先将用具冲洗干净后，可用0.1%新洁尔灭或0.2%~0.5%过氧乙酸消毒，然后在密闭的室内进行熏蒸。对于养殖场的垫料，可以通过阳光照射的方法进行。这是一种最经济、最简单的方法，将垫草等放在烈日下，暴晒2~3小时，能杀灭多种病原微生物。对于少量的垫草，可以直接用紫外线等照射1~2小时，可以杀灭大部分微生物。

（二）屠宰加工间的消毒

每天生产完毕后将地面、墙壁、通道、台桌、用具、衣帽等彻底清扫，并用热水洗刷消毒，必要时选用适当的消毒液重点消毒。生产车间应有定期消毒制度。消毒的方法是彻底洗刷和清扫后，用含有效氯5%~6%的漂白粉溶液或2%~4%的热烧碱溶液进行消毒。喷洒药液后应保留一定时间或延至下次生产前用清水冲洗干净，并加强通风。

（三）交易场所的消毒

出售肉品、交易动物的场所，每期交易完成后，要彻底清扫场地，粪便垃圾投入发酵坑；出售肉品的肉案、秤、钩、刀等用热水洗刷消毒；地面和交易动物的场地、栏圈、饲槽等用3%~5%克辽林溶液或2%~4%热氢氧化钠溶液喷雾消毒，饲槽消毒后要用清水冲洗干净。

（四）土壤的消毒

对圈舍、集市贸易等病畜停留过场所的土壤，一般应铲除表土，清除粪便和垃圾，将其堆积进行生物热消毒。小面积的土壤消毒可用3%~5%来苏尔、2%~4%氢氧化钠溶液、10%~20%漂白粉溶液、10%~20%石灰乳、30%草木灰等，用量均按每平方米1L左右计算。

炭疽或其他有芽胞病原菌污染的场地，应先用含5%有效氯的漂白粉、4%福尔马林或10%氢氧化钠溶液彻底消毒后，铲除表土（深度20~25cm）垫以新土，然后再消毒一次。铲除的表土、清除的粪便和垃圾予以焚烧。

（五）粪便的消毒

有焚烧法、掩埋法、化学消毒法及生物热发酵法4种。其中生物热发酵法是常用的粪便消毒法，既能保证粪便不失去肥效，又能达到消毒目的。发酵池法多用于处理稀薄粪便，如牛粪、猪粪。在距房舍及水井100~200m外的平坦地面挖一宽、深各2m左右的池子（长度依粪量而定）。如果土质不干涸，地下水位较高，需用砖和水泥。

（六）皮毛、骨的消毒

皮毛的消毒是控制和消灭炭疽的重要措施之一，也是使其他传染病皮毛安全无害的最有效的手段。在检疫工作中，凡调运皮、毛都必须进行消毒，常用的消毒方法有盐酸食盐溶液消毒法、福尔马林熏蒸消毒法、环氧乙烷气体熏蒸消毒法等。对杂骨的消毒方法是将杂骨堆成20~30cm厚，用含3%~5%有效氯的漂白粉溶液或4%克辽林溶液进行喷雾消毒。经消毒处理的杂骨即可包装调运。

（七）种蛋的消毒

种蛋在收集后应立即进行清洗消毒，因附着于刚产下湿蛋壳上的细菌特别是霉菌繁殖过多、侵袭蛋内，影响孵化效果，并能将疾病传播给雏鸡，尤其是雏鸡白痢危害很大，所以种蛋消毒非常重要。消毒种蛋的方法很多，包括新洁尔灭消毒法、氯消毒法、碘消毒法、高锰酸钾消毒法、福尔马林（甲醛溶液）消毒法等。

六、影响消毒效果的因素

消毒药的作用，不仅取决于其自身的理化性质，而且受许多因素的影响，概括起来，有以下六种。

（一）病原微生物类型和数量

不同的病原微生物，对消毒药的敏感性有很明显的不同，例如，形成芽胞的微生物对消毒药敏感性差，因而所用药物的浓度及作用时间都要增加；病毒对碱和甲醛很敏感，而对酚类的抵抗力却很强；乳酸杆菌对酸的抵抗力强。大多数的消毒药对细菌有作用，但对细菌的芽胞和病毒作用很小，因此，在消灭传染病时应考虑病原微生物的特点，正确选用消毒药。同时，消毒对象的病原微生物污染数量越多，则消毒越困难。因此，对严重污染物品或高危区域，如产仔房、配种室、孵化室及伤口等破损处应加强消毒，加大消毒剂的用量，延长消毒剂作用时间，并适当增加消毒次数，这样才能达到良好的消毒效果。

（二）环境中有机物的存在

当环境中存在大量的有机物，如动物的粪、尿、血、炎性渗出物等，有机物就会覆盖于病原体表面，阻碍消毒药直接与病原微生物接触，从而影响消毒药效力的发挥。同时，这些有机物还能中和或吸附部分药物，使消毒作用减弱，如蛋白质能消耗大量的酸性或碱性消毒剂；阳离子表面活性剂等易被脂肪、磷脂类有机物所溶解吸收。因此，在使用消毒药物之前，应进行充分的机械性清扫，清除消毒物品表面的有机物。而对大多数消毒剂来说，当有有机物影响时，需要适当加大处理剂量或延长作用时间。

（三）消毒药浓度的影响

消毒药的浓度越高，杀菌力也就越强，但随着药物浓度的增高，对活组织的毒性也就相应地增大了。而当浓度达到一定程度后，消毒药的效力就不再增高。因此，在使用中应选择有效和安全的杀菌浓度，例如，70%的酒精杀菌效果要比95%的酒精好。

（四）消毒药作用时间的影响

消毒药的效力与作用时间呈正相关，与病原微生物接触并作用的时间越长，其消毒效果就越好。若作用时间太短，往往达不到消毒的目的。

（五）环境酸碱度的影响

环境酸碱度对消毒药的作用有影响，如季胺类消毒药，其杀菌作用随着 pH 值升高而明显加强；苯甲酸则在碱性环境中作用减弱；戊二醛在酸性环境中稳定而在碱性环境杀菌作用加强。在碱性环境中，菌体表面的负电荷增多，有利于阳离子表面活性剂发挥作用。

（六）环境温度的影响

消毒药的杀菌力与温度呈正相关，温度升高，杀菌力增强，因而夏季消毒作用比冬季要强。一般温度每增高 10℃，消毒效果增强 1.5 倍。因此，当温度升高时，可缩短药物作用时间或降低药物浓度。

总之，为了使消毒药充分发挥作用，在使用时应注意以上诸多因素对消毒药使用效果的影响，并根据消毒药的特点和消毒对象不同，合理选用消毒药。

七、提高消毒效果的措施

（一）选择合格的消毒剂

要根据场内不同的消毒对象、要求及消毒环境条件等，有针对性地选购经兽药监察部门批准生产的或是经当地畜牧兽医主管部门推荐的消毒剂。消毒剂要具有价格低，易溶于水，无残毒，对被消毒物无损伤，对要预防和扑灭的疫病有广谱、快速、高效消毒作用。还要注意的是，不要经常性地选择单一品种的消毒剂。因为，长期使用单一品种，会使病原体产生耐药性。所以，应定期及时更换消毒剂，以保证良好的消毒效果。

（二）选择适宜的消毒方法

应用消毒药剂时，要选择适宜的消毒方法，根据不同的消毒环境、消毒对象和被消毒物的种类等具体情况；选择对其可产生高效可行的消毒方法。如拌和、喷雾、浸泡、刷拭、熏蒸、撒布、涂擦、冲洗等。

（三）按要求科学配制消毒剂

市面出售的化学消毒药品，因其规格、剂型、含量不同，往往不能直接应用于消毒工作。使用前，要严格按说明书要求配制实际所需的浓度。配制时，要注意选择稀释后对消毒效果影响最小的水，稀释后适宜的浓度和温度等。

（四）设计科学的消毒程序

有些动物养殖场消毒效果差，主要是执行的消毒程序不科学。一般采用二次消毒程序能取得较好的消毒效果。具体为：第一次是使用稀释好的消毒药剂直接进行消毒，待作用一定时间后，清洁被消毒物上的有机物质或其他障碍物质，再用消毒药剂重复消毒 1 次。这种二次消毒程序，既科学彻底，消毒效果又好。

八、消毒应注意的问题

（1）使用前应详细阅读使用说明书，搞清消毒剂的有效成分、消毒方法和使用浓度，不注明有效成分的消毒剂不要使用。正确选用消毒剂，保证有针对性地使用对该病原敏感的消毒剂。

（2）消毒前应彻底清除有机污物、杀虫灭鼠，保证消毒效果。

（3）消毒时药液配制一定要达到规定的浓度，否则达不到消毒目的；使用的药液量必须充足，且药液在地面、墙壁等所有被消毒的物体上，必须维持一定的时间，否则达不到预期的消毒效果。

（4）消毒时室温及药液的温度应在 20℃以上，温度高时消毒效果好。

（5）有些消毒剂具有挥发性气体，有些消毒剂对人和动物的皮肤有刺激作用，消毒后不能立即让动物进入。某种消毒剂能否对动物消毒，应详见说明书。

（6）喷雾消毒要保证雾滴小到气雾剂的水平，使雾滴在空气中悬浮时间较长，以增强灭菌效果。

（7）掌握消毒药品的基本化学性质，杜绝同时使用化学性质相反的药物。弄不清化学性质的药品要单独使用，防止药物相克。

（8）选择最适药物的投药方式和方法。化学性质不稳定、易挥发的药品最好现用现配；易受日光分解和受有机物影响的消毒剂都不能用于消毒槽；除了烧碱等强腐蚀性药品之外，其他消毒药投药后可以不必冲洗。

（9）定期定时进行消毒效果的监测，以保证消毒效果。在同一个场所，需选购两种以上的消毒剂交替使用，以防止产生耐药性；不使用过期、失效药品。

第二节　免疫接种技术

一、动物的保定

动物保定是指用人为的方法使动物易于接受诊断和治疗，保障人、畜安全所采取的保护性措施。动物保定是兽医从业人员（特别是防疫人员）应具备的基本操作技能之一，良好的保定可保障人畜的安全，并且有利于防疫工作的开展。保定的方法很多，且不同动物的保定方法也不同，保定时应根据条件、动物品种选择合适的保定方法。

（一）动物的保定方法

1. 猪的保定

（1）提起保定。分为正提保定和倒提保定。正提保定适用于仔猪的耳根部、颈部做肌肉注射等，保定者在正面用两手分别握住猪的两耳，向上提起猪头部，使猪的前肢悬空；倒提保定适用于仔猪的腹腔注射，由保定者用两手紧握猪的两后肢胫部，用力提举，使其腹部向前，同时用两腿夹住猪的背部，以防止猪摆动（图3－1）。

图3－1　猪的倒提保定示意图

（2）倒卧保定。分为侧卧保定和仰卧保定。侧卧保定适用于猪的注射、去势等，由一人抓住一后肢，另一人抓住耳朵，使猪失去平衡，侧卧倒下，固定头部，根据需要固定四肢（图3－2）；

仰卧保定适用于前腔静脉采血、灌药等，操作者将猪放倒，使猪保持仰卧的姿势，固定四肢（图3－3）。

2. 马的保定

（1）鼻捻棒保定。适用于一般检查、治疗和颈部肌肉注射等。将鼻捻子的绳套套于一手（左手）上并夹于指间，另一手（右手）抓住笼头，持有绳套的手自鼻梁向下轻轻抚摸至上唇

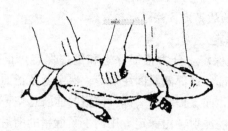

图3-2 猪的侧卧保定

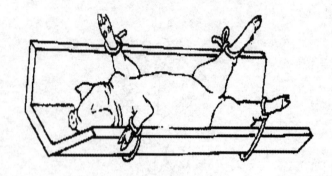

图3-3 猪的仰卧保定

时，迅速有力地抓住马的上唇，此时另手（右手）离开笼头，将绳套套于唇上，并迅速向一方捻转把柄，直至拧紧为止（图3-4）。

图3-4 马鼻捻棒保定法示意图

（2）耳夹子保定。适用于一般检查、治疗和颈部肌肉注射等。先将一手放于马的耳后颈侧，然后迅速抓住马耳，持夹子的另一只手迅即将夹子放于耳根部并用力夹紧，此时应握紧耳夹，以免因马匹骚动、挣扎而使夹子脱手甩出，甚至伤人等（图3-5）。

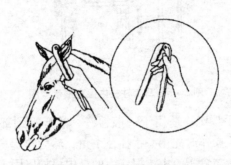

图3-5 马耳夹子保定法示意图

（3）两后肢保定。适于马直肠检查或阴道检查、臀部肌肉注射等。用一条长约8m的绳子，绳中段对折打一颈套，套于马颈基部，两端通过两前肢和两后肢之间，再分别向左右两侧返回交叉，使绳套落于系部，将绳端引回至颈套，系结固定之。

（4）柱栏内保定。又分为2柱栏内保定和4柱栏及6柱栏内保定。2柱栏适用于临床检查、检蹄、装蹄及臀部肌肉注射等，操作时将马牵至柱栏左侧，缰绳系于横梁前端的铁环上，用另一绳将颈部系于前柱上，最后缠绕围绳及吊挂胸、腹绳；4柱栏及6柱栏内保定适用于一般临床检查、治疗、检疫等，保定栏内应备有胸革、臀革（或用扁绳代替）、肩革（带）。先挂好胸革，将马从柱栏后方引进，并把缰绳系于某一前柱上，挂上臀革，最后压上肩革（图3-6）。

3. 牛的保定

分为徒手保定、牛鼻钳保定、柱栏内保定和倒卧保定。

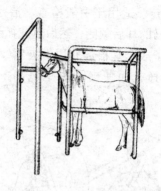

图 3 - 6　马六柱栏内保定法示意图

（1）徒手保定。适用于一般检查、灌药、颈部肌肉注射及颈静脉注射。操作时先用一手抓住牛角，然后拉提鼻绳、鼻环或用一手的拇指与食指、中指捏住牛的鼻中隔加以固定。

（2）牛鼻钳保定。适用于一般检查、灌药、颈部肌肉注射及颈静脉注射、检疫。操作时将鼻钳两钳嘴抵住两鼻孔，并迅速夹紧鼻中隔，用一手或双手握持，亦可用绳系紧钳柄将其固定（图 3 - 7）。

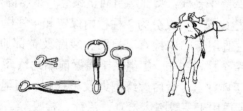

图 3 - 7　牛鼻钳保定法示意图

（3）柱栏内保定。适用于临床检查、检疫、各种注射及颈、腹、蹄等部疾病治疗。单栏、2 柱栏、4 柱、6 柱栏保定方法、步骤与马的柱栏保定基本相同。亦可因地制宜，利用自然树桩进行简易保定（图 3 - 8）。

图3-8 牛柱栏内保定法示意图

（4）倒卧保定。包括背腰缠绕倒牛保定和拉提前肢倒牛保定。

①背腰缠绕倒牛保定（一条龙倒牛法）适用于去势及其他外科手术等。操作时在绳的一端做一个较大的活绳圈，套在牛两个角根部；在肩胛骨后角处环胸绕一圈做成一个绳套，沿非卧侧颈部外面和躯干上部向后牵引，继而向后引至臀部，再环腹一周（此套应放于乳房前方）做成第二绳套；由两人慢慢向后拉绳的游离端，由另一人把持牛角，使牛头向下倾斜，牛立即蜷腿而慢慢倒下。牛倒卧后，要固定好头部，防止牛站起。一般情况下，不需捆绑四肢，必要时再将其固定（图3-9）。

②拉提前肢倒牛保定。适用于去势及其他外科手术等。操作时由3人倒牛、保定，一人保定头部（握鼻绳或笼头）。取约10m长的圆绳一条，折成长、短两段，于转折处做一套结并套于左前肢系部；将短绳一端经胸下至右侧并绕过背部再返回左侧，由一人拉绳保定；另将长绳引至左髋结节前方并经腰部返回绕一周、打半结，再引向后方，由二人牵引。令牛向前走一步，正当

图 3-9　背腰缠绕倒牛保定法示意图

其抬举左前肢的瞬间，3 人同时用力拉紧绳索，牛即先跪下而后倒卧；一人迅速固定牛头，一人固定牛的后躯，一人速将缠在腰部的绳套向后拉并使之滑到两后肢的蹄部将其拉紧，最后将两后肢与左前肢捆扎在一起。

4. 羊的保定

包括站立保定和倒卧保定。

（1）站立保定。适用于临床检查、治疗和注射疫苗等，操作者两手握住羊的两角或耳朵，骑跨羊身，以大腿内侧夹持羊两侧胸壁即可保定。

（2）倒卧保定。适用于治疗、简单手术和注射疫苗等。保定者俯身从对侧一手抓住两前肢系部或抓一前肢臂部，另一手抓住腹肋部膝前皱襞处扳倒羊体，然后改抓两后肢系部，前后一起按住即可。

（二）动物保定注意事项

做动物保定时，应当注意人员和动物的安全。因此，应注意以下事项。

（1）要了解动物的习性，动物有无恶癖，并应在畜主的协助下完成。

（2）对待动物应有爱心，不要粗暴对待动物。

（3）保定动物时所选用具如绳索等应结实，粗细适宜，而且所有绳结应为活结，以便在危急时刻可迅速解开。

（4）保定动物时应根据动物大小选择适宜场地，地面平整，没有碎石、瓦砾等，以防动物损伤。

（5）保定时应根据实际情况选择适宜的保定方法，做到可靠和简便易行。

（6）无论是接近单个动物或畜群，都应适当限制参与人数，切忌一哄而上，以防惊吓动物。

（7）应注意个人安全防护。

二、疫苗基础知识

（一）疫苗概念

由病原微生物、寄生虫以及其组分或代谢产物所制成的、用于人工自动免疫的生物制品，称为疫苗。给动物接种疫苗，刺激机体免疫系统发生免疫应答，产生抵抗特定病原微生物（或寄生虫）感染的免疫力，从而预防疫病。

（二）疫苗种类

1. 按疫苗管理分类

农业部《兽用生物制品经营管理办法》第三条规定，兽用生物制品分为国家强制免疫计划所需兽用生物制品（简称国家强制免疫用生物制品）和非国家强制免疫计划所需兽用生物制品（简称非国家强制免疫用生物制品）。国家强制免疫用生物制品包括高致病性禽流感、高致病性猪蓝耳病、口蹄疫、猪瘟等重大动物疫病强免疫苗；非国家强制免疫用生物制品包括除国家强制免疫用生物制品之外的其他预防用疫苗，如法氏囊疫苗、猪伪狂犬病疫苗等。

2. 按疫苗性质分类

由细菌、病毒、立克次氏体、螺旋体、支原体等完整微生物制成的疫苗，称为常规疫苗。常规疫苗按其病原微生物性质分为活疫苗、灭活疫苗、类毒素。利用分子生物学、生物工程学、免疫化学等技术研制的疫苗，称为新型疫苗，主要有亚单位疫苗、基因工程疫苗、合成肽疫苗、核酸疫苗等。

（1）活疫苗。是指用通过人工诱变获得的弱毒株，或者是自然减弱的天然弱毒株（但仍保持良好的免疫原性），或者是异源弱毒株所制成的疫苗。例如，布鲁氏菌病活疫苗、猪瘟活疫苗、鸡马立克氏病活疫苗（Ⅱ型）、鸡马立克氏病火鸡疱疹病毒活疫苗等。

①活疫苗的优点。

a. 免疫效果好。接种活疫苗后，活疫苗在一定时间内，在动物机体内有一定的生长繁殖能力，机体犹如发生一次轻微的感染，所以，活疫苗用量较少，而机体所获得的免疫力比较坚强而持久。

b. 接种途径多。可通过滴鼻、点眼、饮水、口服、气雾等途径，刺激机体产生细胞免疫、体液免疫和局部黏膜免疫。

②活疫苗的缺点。

a. 可能出现毒力返强。一般来说，活疫苗弱毒株的遗传性状比较稳定，但由于反复接种传代，可能出现病毒返祖现象，造成毒力增强。

b. 贮存、运输要求条件较高。一般冷冻干燥活疫苗，需－15℃以下贮藏、运输，因此，必须具有低温贮藏、运输设施，进行贮藏、运输，才能保证疫苗质量。

c. 免疫效果受免疫动物用药状况影响。活疫苗接种后，疫苗菌毒株在机体内有效增殖，才能刺激机体产生免疫保护力，如果免疫动物在此期间用药，就会影响免疫效果。

（2）灭活疫苗。是选用免疫原性良好的细菌、病毒等病原微生物经人工培养后，用物理或化学方法将其杀死（灭活），使其传染因子被破坏而仍保留其免疫原性所制成的疫苗。灭活疫苗根据所用佐剂不同又可分为氢氧化铝胶佐剂、油乳佐剂、蜂胶佐剂等灭活疫苗。

①灭活疫苗的优点。

a. 安全性能好，一般不存在散毒和毒力返祖的危险。

b. 一般只需在2～8℃贮藏和运输条件，易于贮藏和运输。

c. 受母源抗体干扰小。

②灭活疫苗的缺点。

a. 接种途径少。主要通过皮下或肌肉注射进行免疫。

b. 产生免疫保护所需时间长。由于灭活疫苗在动物体内不能繁殖，因而接种剂量较大，产生免疫力较慢，通常需2～3周后才能产生免疫力，故不适于用作紧急预防免疫。

c. 疫苗吸收慢，注射部位易形成结节，影响肉的品质。

（3）类毒素。将细菌在生长繁殖中产生的外毒素，用适当浓度（0.3%～0.4%）的甲醛溶液处理后，其毒性消失而仍保留其免疫原性，称为类毒素。类毒素经过盐析并加入适量的磷酸铝或氢氧化铝胶等，即为吸附精制类毒素，注入动物机体后吸收较慢，可较久地刺激机体产生高滴度抗体以增强免疫效果。如破伤风类毒素，注射一次，免疫期1年，第二年再注射一次，免疫期可达4年。

（4）新型疫苗。目前在预防动物疫病中，已广泛使用的新型疫苗主要有：基因工程亚单位疫苗，如仔猪大肠埃希氏菌病K88、K99双价基因工程疫苗，仔猪大肠埃希氏菌病K88、LTB双价基因工程疫苗；基因工程基因缺失疫苗，如猪伪狂犬病病毒TK/gG双基因缺失活疫苗、猪伪狂犬病病毒gG基因缺失灭活疫苗；基因工程基因重组活载体疫苗，如禽流感重组鸡痘病毒载体活疫苗；合成肽疫苗，如猪口蹄疫 O 型合成肽疫苗。

（三）疫苗的贮藏与运输

1. 疫苗的贮藏

（1）贮藏条件。

①阅读疫苗的使用说明书。掌握疫苗的贮藏要求，严格按照疫苗说明书规定的要求贮藏。

②选择贮藏条件。根据不同疫苗品种的储藏要求，设置相应的贮藏设备，如低温冰柜、电冰箱、液氮罐、冷藏柜等。

③设置贮藏温度。不同的疫苗要求不同的贮藏温度。冻干活疫苗一般要求在 - 15℃条件下贮藏，温度越低，保存时间越长。如猪瘟活疫苗、鸡新城疫活疫苗等；灭活疫苗一般要求在 2 ~ 8℃条件下贮藏，不能低于 0℃，更不能冻结，如口蹄疫灭活疫苗、禽流感灭活疫苗等；细胞结合型疫苗，如马立克氏病血清Ⅰ、Ⅱ型疫苗等必须在液氮中（ - 196℃）贮藏。

④避光，防止潮湿。所有疫苗都应贮藏于冷暗、干燥处，避免光照直射和防止受潮。

（2）存放要求。按疫苗的品种和有效期分类存放，并标以明显标志，以免混乱而造成差错。超过有效期的疫苗，必须及时清除并销毁。

（3）管理要求。应建立疫苗管理台账，详细记录出入疫苗品种、批准文号、生产批号、规格、生产厂家、有效日期、数量等。应根据说明书要求存放在相应的设备中。

（4）注意事项。要按规定的温度贮藏，并在贮藏过程中，保证疫苗的内、外包装完整无损。防止内、外包装破损，以致无法辨认其名称、有效期等。

2. 疫苗的运输

（1）包装。运输疫苗时，要妥善包装，防止运输过程中发生损坏。

（2）保温。冻干活疫苗应冷藏运输，如果量小，可将疫苗装入保温瓶或保温箱内，再放入适量冰块进行包装运输。如果量大，应用冷藏运输车运输；灭活疫苗宜在 2～8℃的温度下运输，夏季运输要采取降温措施，冬季运输采取防冻措施，避免冻结；细胞结合型疫苗，如鸡马立克氏病血清Ⅰ、Ⅱ型疫苗必须用液氮罐冷冻运输。运输过程中，要随时检查温度，尽快运达目的地。

（3）注意事项。一是应严格按照疫苗贮藏温度要求进行运输；二是尽快运输；三是所有运输过程中，必须避免日光暴晒。

三、免疫接种

免疫接种是给动物接种疫苗或免疫血清，使动物机体自身产生或被动获得对某一病原微生物特异性抵抗力的一种手段。通过免疫接种，使动物产生或获得特异性抵抗力，预防疫病的发生，保护人、畜健康，促进畜牧业生产健康发展。

（一）免疫接种的类型

根据免疫接种的时机不同，可分为预防接种、紧急接种和临时接种。

1. 预防接种

指在经常发生某类传染病的地区、或有某类传染病潜在的地区、或受到邻近地区某类传染病威胁的地区，为了预防这类传染病发生和流行，平时有组织、有计划地给健康动物进行的免疫接种。

2. 紧急接种

指在发生传染病时，为了迅速控制和扑灭传染病的流行，而对疫区和受威胁区尚未发病的动物进行的免疫接种。紧急接种应先从安全地区开始，逐头（只）接种，以形成一个免疫隔离带。然后再到受威胁区，最后再到疫区对假定健康动物进行接种。

3. 临时接种

指在引进或运出动物时，为了避免在运输途中或到达目的地后发生传染病而进行的预防免疫接种。临时接种应根据运输途中和目的地传染病流行情况进行免疫接种。

（二）免疫接种的准备

1. 准备接种所需免疫物品

包括疫苗和疫苗稀释液、器械、药品、疫苗冷藏箱、免疫登记表、耳标及耳标钳等。

（1）疫苗和稀释液。按照免疫接种计划或免疫程序规定，准备所需要的疫苗和稀释液。

（2）器械。包括接种器械、消毒器械、保定器械及其他相关器械等。

①接种器械。根据不同方法，准备所需要的接种器械。注射器、针头、镊子；刺种针；点眼（滴鼻）滴管；饮水器、玻璃棒、量筒、容量瓶；喷雾器等。

②消毒器械。剪毛剪、镊子、煮沸消毒器等。

③保定动物器械。绳索、颈圈等。

④其他。带盖搪瓷盘、疫苗冷藏箱、冰壶、体温计、听诊器等。

（3）药品

①注射部位消毒药品。75%酒精、5%碘酊、脱脂棉等。

②人员消毒药品。75%酒精、2%碘酊、来苏尔或新洁尔灭、肥皂等。

③急救药品。0.1%盐酸肾上腺素、地塞米松磷酸钠、盐酸异丙嗪、5%葡萄糖注射液等。

（4）防护用品。毛巾、防护服、胶靴、工作帽、护目镜、口罩等。

（5）其他物品。免疫接种登记表、免疫证、免疫耳标、脱脂棉、纱布、冰块等。

2. 做好人员消毒和防护

（1）消毒。免疫接种人员剪短手指甲，用肥皂、消毒液（来苏尔或新洁尔灭溶液等）洗手，再用75%酒精消毒手指。

（2）个人防护。穿工作服、胶靴，戴橡胶手套、口罩、帽等。

（3）注意事项。不可使用对皮肤能造成损害的消毒液洗手。在进行气雾免疫和布病免疫时应戴护目镜。

3. 消毒器械

（1）冲洗。将注射器、点眼滴管、刺种针等接种用具先用清水冲洗干净。

①玻璃注射器。将注射器针管、针芯分开，用纱布包好。

②金属注射器。应拧松活塞调节螺丝，放松活塞，用纱布包好；将针头用清水冲洗干净，成排插在多层纱布的夹层中；针头用清水冲洗干净，成排叉在多层纱布的夹层中镊子、剪子洗净，用纱布包好。

（2）灭菌。将洗净的器械高压灭菌15分钟；或煮沸消毒：放入煮沸消毒器内，加水淹没器械2cm以上，煮沸30分钟，待冷却后放入灭菌器皿中备用。煮沸消毒的器械当日使用，超过保存期或打开后，需重新消毒后，方能使用。

（3）注意事项

①器械清洗一定要保证清洗的洁净度。

②灭菌后的器械一周内不用，下次使用前应重新消毒灭菌。

③禁止使用化学药品消毒。

④使用一次性无菌塑料注射器时，要检查包装是否完好和是否在有效期内。

4. 检查待接种动物健康状况

为了保证免疫接种动物安全及接种效果，接种前应了解预定

接种动物的健康状况。

（1）检查动物的精神、食欲、体温，不正常的不接种或暂缓接种。

（2）检查动物是否发病、是否瘦弱，发病、瘦弱的动物不接种或暂缓接种。

（3）检查是否存在幼小的、年老的、怀孕后期的动物，这些动物应不予接种或暂缓接种。

（4）对上述动物进行登记，以便以后补种。

5. 做好疫苗准备

（1）检查疫苗外观质量。检查疫苗外观，凡发现疫苗瓶破损、瓶盖或瓶塞密封不严或松动、无标签或标签不完整（包括疫苗名称、批准文号、生产批号、出厂日期、有效期、生产厂家等）、超过有效期、色泽改变、发生沉淀、破乳或超过规定量的分层、有异物、有霉变、有摇不散凝块、有异味、无真空等，一律不得使用。

（2）详细阅读使用说明书。了解疫苗的用途、用法、用量和注意事项等。

（3）预温疫苗。疫苗使用前，应贮藏容器中取出疫苗，置于室温（15~25℃左右），平衡疫苗温度；鸡马立克氏病活疫苗应将从液氮罐中取出的疫苗，迅速放入 27~35℃温水中速融（不能超过 10 秒钟）后稀释。

（4）稀释疫苗。按疫苗使用说明书注明的头（只）份，用规定的稀释液，按规定的稀释倍数和稀释方法稀释疫苗。无特殊规定可用注射用水或生理盐水，有特殊规定的应用规定的专用稀释液稀释疫苗。稀释时先除去稀释液和疫苗瓶封口的火漆或石蜡，用酒精棉球消毒瓶塞，用注射器抽取稀释液，注入疫苗瓶中，振荡，使其完全溶解，补充稀释液至规定量。如原疫苗瓶装不下，可另换一个已消毒的大瓶。

（5）吸取疫苗。轻轻振摇，使疫苗混合均匀，排净注射器、针头内水分，用75%酒精棉球消毒疫苗瓶瓶塞，将注射器针头刺入疫苗瓶液面下，吸取疫苗。

（三）注射器的使用

注射器是一种用于将水剂或油乳剂等液体兽药（或疫苗）注入动物机体内的专用装置，可分金属注射器、玻璃注射器和连续注射器几类。

1. 金属注射器

主要由金属支架、玻璃管、橡皮活塞、剂量螺栓等组件组成，最大装量有10mL、20mL、30mL、50mL 4种规格，特点是轻便、耐用、装量大，适用于猪、牛、羊等中大型动物注射。

（1）使用方法。

①装配金属注射器。先将玻璃管置金属套管内，插入活塞，拧紧套筒玻璃管固定螺丝，旋转活塞调节手柄至适当松紧度。

②检查是否漏水。抽取清洁水数次；以左手食指轻压注射器药液出口，拇指及其余三指握住金属套管，右手轻拉手柄至一定距离（感觉到有一定阻力），松开手柄后活塞可自动回复原位，则表明各处接合紧密，不会漏水，即可使用。若拉动手柄无阻力，松开手柄，活塞不能回原位，则表明接合不紧密，应检查固定螺丝是否上正拧紧，或活塞是否太松，经调整后，再行抽试，直至符合要求为止。

③针头的安装。消毒后的针头，用医用镊子夹取针头座，套上注射器针座，顺时针旋转半圈并略施向下压力，针头装上，反之，逆时针旋转半圈并略施向外拉力，针头卸下。

④装药剂。利用真空把药剂从药物容器中吸入玻璃管内，装药剂时应注意先把适量空气注进容器中，避免容器内产生负压而吸不出药剂。装量一般掌握在最大装量的50%左右，吸药剂完毕，针头朝上排空管内空气，最后按需要剂量调整计量螺栓至所

需刻度，每注射一头动物调整一次。

（2）注意事项。金属注射器不宜用高压蒸汽灭菌或干热灭菌法，因其中的橡皮圈及垫圈易于老化。一般使用煮沸消毒法灭菌。每打一头动物都应调整计量螺栓。

2. 玻璃注射器

玻璃注射器由针筒和活塞两部分组成。通常在针筒和活塞后端有数字号码，同一注射器针筒和活塞的号码相同。使用玻璃注射器的注意事项。

（1）使用玻璃注射器时，针筒前端连接针头的注射器头易折断，应小心使用。

（2）活塞部分要保持清洁，否则可使注射器活塞的推动困难，甚至损坏注射器。

（3）使用玻璃注射器消毒时，要将针筒和活塞分开用纱布包裹，消毒后装配时针筒和活塞要配套安装，否则易损坏或不能使用。

3. 连续注射器

（1）构成。主要由支架、玻璃管、金属活塞及单向导流阀等组件组成。

（2）作用原理。单向导流阀在进、出药口分别设有自动阀门，当活塞推进时，出口阀打开而进口阀关闭，药液由出口阀射出，当活塞后退时，出口阀关闭而进口阀打开，药液由进口吸入玻璃管。

（3）特点。最大装量多为2mL，特点是轻便、效率高，剂量一旦设定可连续注射动物而保持剂量不变。

（4）适用范围。适用于家禽、小动物注射。

（5）使用方法及注意事项。

①调整所需剂量并用锁定螺栓锁定，注意所设定的剂量应该是金属活塞所标注的刻度数。

②药剂导管插入药物容器内，同时容器瓶再插入一个进空气用的针头，使容器与外界相通，避免容器产生负压，最后针头朝上连续推动活塞，排出注射器内空气直至药剂充满玻璃管，即可开始注射动物。

③特别注意，注射过程要经常检查玻璃管内是否存在空气，有空气立即排空，否则影响注射剂量。

4. 注射器常见故障的处理（表 3 -1）

表 3 -1　注射器常见故障的处理

故障	原因	处理方法	注射器种类
药剂泄露	装配过松	拧紧	金属、连续
药剂反窜活塞背后	活塞过松	拧紧	金属
推药时费劲	活塞过紧、玻璃盖磨损	放松、更换	金属
药剂打不出去	针头堵塞	更换	金属、连续
活塞松紧无法调整	橡胶活塞老化	更换	金属
空气排不尽 （或装药时玻璃管有空气）	装配过松 出口阀有杂物	拧紧 清除	连续 连续
注射推药力度突然变轻	进口阀有杂物，药剂回流	清除	连续
药剂进入玻璃管缓慢 或不进入	容器产生负压	更换或调整容器 上空气针头	连续

5. 断针的处理

出现断针事故时，可采用下列方法处理。

（1）残端部分针身显露于体外时，可用手指或镊子将针取出。

（2）断端与皮肤相平或稍凹陷于体内者时，可用左拇指、食二指垂直向下挤压针孔两侧，使断针暴露体外，右手持镊子将针取出。

（3）断针完全深入皮下或肌肉深层时，应进行标识处理。

为了防止断针，注射过程中应注意以下事项。

①在注射前应认真仔细地检查针具，对认为不符合质量要求的针具，应剔除不用。

②避免过猛、过强的行针。

③在进针行针过程中，如发现弯针时，应立即出针，切不可强行刺入。

④对于滞针等亦及时正确地处理，不可强行硬拔。

（四）免疫接种通用技术

1. 禽颈部皮下免疫接种

适用于幼禽。保定时左手握住幼禽，选择颈背部下 1/3 处作为注射部位，用大拇指和食指捏住颈中线的皮肤并向上提起，使其形成一囊后，从颈部下 1/3 处入针，针孔向下与皮肤成45°角从前向后方向刺入皮下 0.5 ~ 1cm，推动注射器活塞，缓缓注入疫苗注射完后，快速拔出针头（图 3 - 10）。

注意事项：注射过程中要经常检查连续注射器是否正常；捏皮肤时，一定要捏住皮肤，而不能只捏住羽毛；注射时不可因速度过快而把疫苗注到体外，确保针头刺入皮下，避免把疫苗注射到体外。

2. 大动物皮下免疫接种

适用于牛、马等大家畜。用鼻钳保定好动物，在颈侧中 1/3 部位，选择皮薄、被毛少、皮肤松弛、皮下血管少的地方作为注射部位，用2% ~ 5%碘酊棉球由内向外螺旋式消毒接种部位，最后用挤干的 75% 酒精棉球脱碘。注射时左手食指与拇指将皮肤提起呈三角形，右手持注射器，沿三角形基部刺入皮下约 2cm；左手放开皮肤（如果针头刺入皮下，则可较自由地拨动），回抽针芯，如无回血，然后再推动注射器活塞将疫苗徐徐注入。

进针部位

进针部位

图3-10 幼禽颈部皮下注射示意图

注射后，用消毒干棉球按住注射部，将针头拔出，最后涂以5%碘酊消毒（图3-11）。

图3-11 大家畜颈部皮下注射示意图

注意事项：保定好动物，注意人员安全防护；接种活疫苗时不能用碘酊消毒接种部位，应用75%酒精消毒，待干后再接种；避免将疫苗注入血管。

3. **肌肉免疫接种**

适用于猪、牛、马、羊、犬、兔、鸡等。注射部位。要选择肌肉丰满，血管少，远离神经干的部位。大家畜（马、牛、骆驼等）宜在臀部或颈部注射（图 3－12）；猪宜在耳后、臀部、颈部（图 3－13）；羊、犬、兔宜在颈部；鸡宜在翅膀基部或胸部肌肉。按前述内容选择适当的保定方法保定好动物。注射部位按前述方法消毒。注射时，对中、小家畜可左手固定注射部位皮肤，右手持注射器垂直刺入肌肉后，改用左手挟住注射器和针头尾部，右手回抽一下针芯，如无回血，即可慢慢注入药液。注射完毕，拔出注射针头，涂以 5% 碘酊消毒。

图 3－12　马属动物肌肉
　　　　注射部位示意图

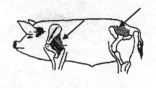

图 3－13　猪肌肉注射
　　　　部位示意图

注意事项：

（1）根据动物大小和肥瘦程度不同，掌握刺入不同深度，以免刺入太深（常见于瘦小畜禽）而刺伤骨膜、血管、神经，或因刺入太浅（常见于大猪）将疫苗注入脂肪而不能吸收。

（2）要根据注射剂量，选择大小适宜的注射器。注射器过大，注射剂量不易准确；注射器过小，操作麻烦。

（3）注射剂量应严格按照规定的剂量注入，禁止打"飞针"，造成注射剂量不足和注射部位不准。

（4）对大家畜，为防止损坏注射器或折断针头，可用分解动作进行注射，即把注射针头取下，以右手拇指、食指紧持针尾，中指标定刺入深度，对准注射部位用腕力将针头垂直刺入肌肉，然后接上注射器，回抽针芯，如无回血，随即注入药液。

（5）给家畜注射，每次注射均须更换一个针头；给农村散养家禽注射，每注射一户必须更换一个针头；给规模饲养场家禽注射，每注射100只更换一个针头。

4. 禽肌肉注射免疫接种

适用于除雏鸡以外的所有的禽。胸肌或腿肌是最好的免疫部位。注射时调试好连续注射器，确保剂量准确。注射器与胸骨成平行方向，针头与胸肌成30°～45°角，在胸部中1/3处向背部方向刺入胸部肌肉。也可于腿部肌肉注射，以大腿无血管处为佳（图3－14）。

图3－14 家禽肌肉注射部位示意图

注意事项：

（1）针头与胸肌的角度不要超过45°角，以免刺入胸腔，伤及内脏。

（2）注射过程中，要经常摇动疫苗瓶，使其混匀。

（3）注射时不要图快，以免疫苗流出体外。

（4）使用连续注射器，每注射500只禽，要校对一次注射剂量，确保注射剂量准确。

5. 皮内注射免疫接种

适用于绵羊痘活疫苗和山羊痘活疫苗等个别疫苗接种。皮内注射部位，宜选择皮肤致密、被毛少的部位。马、牛宜在颈侧、尾根、肩胛中央，猪宜在耳根后，羊宜在颈侧或尾根部，鸡宜在肉髯部位。用左手将皮肤挟起一皱褶或以左手绷紧固定皮肤，右手持注射器，将针头在皱褶上或皮肤上斜着使针头几乎与皮面平行地轻轻刺入皮内约 0.5 cm 左右，放松左手；左手在针头和针筒交接处固定针头，右手持注射器，徐徐注入药液。如针头确在皮内，则注射时感觉有较大的阻力，同时注射处形成一个圆丘，突起于皮肤表面。注射完毕，拔出针头，用消毒干棉球轻压针孔，以避免药液外溢，最后涂以 5% 碘酊消毒。

注意事项：

（1）皮内注射时，注意把握，不要注入皮下。

（2）选择部位尤其重要，一定要按要求的部位选择进针。

（3）皮内注射保定动物一定要严格，注意人员安全。

6. 刺种

适用于家禽。选择禽翅膀内侧三角区无血管处作为接种部位。免疫时，左手抓住鸡的一只翅膀，右手持刺种针插入疫苗瓶中，蘸取稀释的疫苗液，在翅膀内侧无血管处刺针。拔出刺种针，稍停片刻，待疫苗被吸收后，将禽轻轻放开。再将刺针插入疫苗瓶中，蘸取疫苗，准备下次刺种。

注意事项：

（1）为避免刺种过程中打翻疫苗瓶，可用小木块，上面钉四根成小正方形的铁钉，固定疫苗瓶。

（2）每次刺种前，都要将刺种针在疫苗瓶中蘸一下，保证每次刺针都蘸上足量的疫苗。并经常检查疫苗瓶中疫苗液的深度，以便及时添加。

（3）要经常摇动疫苗瓶，使疫苗混匀。

（4）注意不要损伤血管和骨骼。

（5）勿将疫苗溅出或触及接种区以外其他部位。

（6）翼膜刺种多用于鸡痘和禽脑脊髓炎疫苗，一般刺种 7～10 天后，刺种部位会出现轻微红肿、结痂，14～21 天痂块脱落。这是正常的疫苗反应。无此反应，则说明免疫失败，应重新补刺。

7. 点眼、滴鼻免疫接种

适用于禽。免疫部位选择在幼禽的眼结膜囊内、鼻孔内。准备疫苗滴瓶将已充分溶解稀释的疫苗滴瓶装上滴头，将瓶倒置，滴头向下拿在手中，或用点眼滴管吸取疫苗，握于手中并控制好胶头；左手握住幼禽，食指和拇指固定住幼禽头部，幼禽眼或一侧鼻孔向上，滴头与眼或鼻保持 1cm 左右距离，轻捏滴管，滴 1～2 滴疫苗于鸡眼或鼻中，稍等片刻，待疫苗完全吸收后再放开鸡（图 3－15）。

图 3－15 幼禽点眼、滴鼻免疫接种示意图

注意事项：

（1）滴鼻时，为了便于疫苗吸入，可用手将对侧鼻孔堵住。

（2）不可让疫苗流失，注意保证疫苗被充分吸入。

8. 饮水免疫

适用于家禽。先将鸡群停止供水 1～4 小时，待 70%～80% 的鸡找水喝时，开始饮水免疫，饮水量为平时日耗水量的 40%，使疫苗溶液能在 1 ~ 1.5 小时内饮完。一般 4 周龄以内的鸡每千只 12L，4 ~ 8 周龄的鸡每千只 20L，8 周龄以上的鸡每千只 40L。计算好疫苗和稀释液用量后，在稀释液中加入 0.1% ~ 0.3% 脱脂奶粉（将脱脂奶粉，搅匀，疫苗先用少量稀释液溶解稀释后再加入其余溶液于大容器中，一起搅匀，立即使用。饮水免疫时，将配制好的疫苗水加入饮水器，给鸡饮用。给疫苗水时间一致，饮水器分布均匀，使同一群鸡基本上同时喝上疫苗水。并于 1 ~ 1.5 小时内喝完。

注意事项：

（1）炎热季节里，应在上午进行饮水免疫，装有疫苗的饮水器不应暴露在阳光下。

（2）饮水免疫禁止使用金属容器，一般应用硬质塑料或搪瓷器具。

（3）免疫前应清洗饮水器具。将饮水器具用净水或开水洗刷干净，使其不残留消毒剂、铁锈、脏物等。

（4）免疫后残余的疫苗和废（空）疫苗瓶，应集中煮沸等消毒处理，不能随意乱扔。

（5）疫苗稀释时应注意无菌操作，所用器材必须严格消毒。稀释液（饮用水）应清洁卫生、不含氯离子、重金属离子、抗生素和消毒药（一般用中性蒸馏水、凉温开水或深井水）。

（6）疫苗用量必须准确，一般应为注射免疫剂量的 2 ~ 3 倍。

（7）应有足够的饮水器，确保每只鸡都能饮到足够的疫苗水。

9. 气雾免疫接种

（1）羊气雾免疫接种。

①配制疫苗。根据羊只数量计算疫苗和稀释液用量，疫苗用量 = 免疫剂量×畜禽舍容积×1 000/免疫时间×常数×疫苗浓度。常数为 3 ~ 6（羊每分钟吸入空气量约为 3 100 ~ 6 000mL，故

以 3~6 作为羊气雾免疫的常数）。根据计算结果配制疫苗。

②免疫接种。将动物赶入畜舍，关闭门窗，操作者把喷头由门窗缝伸入室内，使喷头与动物头部同高，向室内四面均匀喷雾。喷雾完毕后，动物在圈内停留 20~30 分钟即可放出。

（2）鸡群气雾免疫接种。

①估算疫苗用量。一般 1 日龄雏鸡喷雾，每 1 000 只鸡的喷雾量为 150~200mL；平养鸡 250~500mL；笼养鸡为 250mL。根据用量准备好疫苗。

②免疫接种。将雏鸡装在纸箱中，排成一排，喷雾器在距雏鸡 40cm 处向鸡喷雾，边走边喷，往返 2~3 遍，将疫苗喷完；喷完后将纸箱叠起，使雏鸡在纸箱中停留半小时。平养鸡喷雾方法，应在清晨或晚上进行，当鸡舍暗至刚能看清鸡只时，将鸡轻轻赶靠到较长的一面墙根，在距鸡 50cm 处时进行喷雾；边走边喷，至少应喷 2~3 遍，将疫苗均匀喷完。成年笼养鸡喷雾方法与平养鸡基本相似。

（3）注意事项。

①充分清洗手提式喷雾器或背负式喷雾器或气雾机，用清水试喷一下，以掌握喷雾的速度、流量和雾滴大小。

②气雾免疫应选择安全性高，效果好的疫苗。

③气雾免疫时疫苗的用量应适当增加，以保证免疫效果，通常用量加倍。

④气雾免疫的当天不能带鸡消毒。

⑤气雾免疫时，要求房舍湿度适当。湿度过低，灰尘较大的鸡场，在喷雾免疫前后可用适量清水进行喷雾，降低舍内尘埃，防止影响免疫效果。

⑥雾粒大小要适中，雾粒过大，在空气中停留时间短，进入呼吸道的机会少或进入呼吸道后被滞留；雾粒过小，则易被呼气排出。

⑦进行气雾免疫时，房舍应密闭，关闭排气扇或通风系统；减少空气流动，喷雾完毕 20 分钟后才能开启门窗，打开排气扇或通风系统。

⑧用过的疫苗空瓶，应集中煮沸等消毒处理，不能随意乱扔。

⑨气雾接种人员应注意个人安全防护。

10. 其他免疫方法

（1）穴位注射免疫。适用于猪。选择后海穴（位于肛门和尾根之间的凹陷处）和风池穴（位于寰枕椎前缘直上部的凹陷中，左右各一穴）。进行注射。注射后海穴时，应将尾巴向上提起，局部消毒后，手持注射器于后海穴向前上方进针，刺入 0.5～4cm（依猪只大小、肥瘦掌握进针深度），注入疫苗，拔出针头。注射风池穴时，局部剪毛、消毒后，手持注射器垂直刺入 1～1.5cm（依猪只大小、肥瘦掌握进针深度），注入疫苗，拔出针头。

（2）静脉注射免疫。适用于马、牛、羊、猪、犬、禽。

①注射部位。马、牛、羊在颈静脉，猪在耳静脉或前腔静脉，犬在跖背外侧静脉或前臂内侧皮下静脉；禽在翼下静脉。

②免疫接种。保定动物，局部剪毛消毒后，看清静脉，用左手指按压注射部位稍下后方，使静脉显露，右手持注射器或注射针头，迅速准确刺入血管，见有血液流出时，放开左手，将针头顺着血管向里略微送深入，固定好针头，连续注射器或输液管，检查有回血后，缓慢注入免疫血清。注射完毕后，用消毒干棉球紧压针孔，右手迅速拔出针头。为防止血肿，继续紧压针孔局部片刻，最后涂 5% 碘酊消毒。

（五）建立免疫档案

防疫员在进行免疫接种后，要及时、准确规范填写免疫记录。免疫记录内容包括。

1. 畜禽养殖场

免疫时间、存栏数量、免疫数量、疫苗名称、生产厂家、生产批号、免疫剂量、免疫人员签字、防疫监督责任人签字等。

2. 畜禽散养户

户主姓名、动物种类、免疫时间、免疫病种、疫苗厂家、生产批号、存栏数量、免疫数量、耳标佩戴数量、免疫证发放数量、责任防疫员签字等。

四、免疫程序

免疫程序是正确使用疫苗来控制疾病的关键环节，只有制定合理，才能够达到防控动物疫病的目的。

（一）制定免疫程序应考虑的因素

世上没有一成不变而又广泛适用的免疫程序，因为免疫程序本身就是动态的，随着季节、气候、疫病流行状况、生产过程的变化而改变。因此，每个养殖场应根据实际情况制定适合本场的免疫程序，并确保能动态执行。在选用、制定或改进免疫程序时需要全面考虑以下因素。

1. 免疫要达到的目的

不同用途、不同代次的畜禽，其免疫要达到的目的不同，所选用的疫苗及免疫次数也会不同。如生长周期短的商品肉鸡，7~10日龄时禽流感佐剂灭活疫苗免疫一次即可。考虑到肉鸡产品质量的同时，可以选用新城疫禽流感重组疫苗免疫，但要分别在 7 日龄、21 日龄时进行两次免疫。

2. 当地疫病流行情况

针对当地流行的疫病种类决定所免疫数量的种类、时间与次数，如传染性喉气管炎表现为区域性流行，没有鸡传染性喉气管炎流行的地区，可不免疫接种该疫苗。

3. 母源抗体情况

当母源抗体水平高且均匀时，推迟首免时间；当母源抗体水平低时，首免时间提前；当母源抗体高低不均匀时，需通过加大免疫剂量使所有鸡群均获得良好的免疫应答。

4. 免疫间隔时间

根据免疫后抗体的维持时间决定。一般首免主要起到激活免疫系统的作用，产生的抗体低且维持时间短，与二免的间隔时间要短一些；二免作为加强免疫，产生的抗体高且维持时间长，与三免的间隔时间可以延长。猪流行性腹泻、猪流感等冬季流行，秋冬季节间隔时间要短一些。

5. 疫苗间的相互干扰

两种及两种以上的疫苗不能在同一天接种，更不能混在一起接种，最好间隔1周。如新城疫弱毒疫苗免疫后，紧接着免疫鸡传染性支气管炎或鸡传染性法氏囊病疫苗，都会严重干扰新城疫弱毒疫苗的免疫效果。

6. 疫苗的搭配使用

活苗的优点是抗体产生快，免疫应答全面，灭活疫苗的优点是产生抗体高且维持时间长，不受母源抗体干扰；二者联合使用可以使畜禽机体产生强大的保护力。

最终必须根据免疫效果检测和临床使用效果，及时调整，才能制定科学、有效的免疫程序。

7. 饲养管理

免疫后的动物因加强饲养管理，适量提高饲料蛋白，添加多维电解质，减小应激反应。免疫前后一周不要饲喂抗生素（特别是免疫弱毒活苗时）。

（二）建议的免疫程序

1. 重大动物疫病的免疫程序

（1）高致病性禽流感。

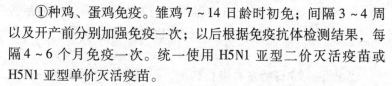

①种鸡、蛋鸡免疫。雏鸡7~14日龄时初免；间隔3~4周以及开产前分别加强免疫一次；以后根据免疫抗体检测结果，每隔4~6个月免疫一次。统一使用H5N1亚型二价灭活疫苗或H5N1亚型单价灭活疫苗。

②商品代肉鸡免疫。7~14日龄时，用H5N1亚型（二价灭活疫苗免疫一次。或者，7~14日龄时，用禽流感—新城疫重组二联活疫苗（rL－H5株）免疫；2周后，用禽流感—新城疫重组二联活疫苗（rL－H5株）加强免疫一次。饲养周期超过70日龄的，参照蛋鸡免疫程序免疫。

③种鸭、蛋鸭、种鹅、蛋鹅免疫。雏鸭或雏鹅14~21日龄初免；间隔3~4周，加强免疫一次；以后根据免疫抗体检测结果，每隔4~6个月免疫一次。统一使用H5N1亚型（Re－6株）或H5N2亚型（D7株）禽流感灭活疫苗。

④商品肉鸭、肉鹅免疫。肉鸭7~10日龄时，用H5N1亚型（Re－6株）或H5N2亚型（D7株）禽流感灭活疫苗进行一次免疫即可。肉鹅7~10日龄初免；间隔3~4周加强免疫一次。统一使用H5N1亚型（Re－6株）或H5N2亚型（D7株）禽流感灭活疫苗。

⑤散养家禽免疫。春、秋两季对所有应免家禽用H5N1亚型二价灭活疫苗实施一次集中免疫，对新补栏的家禽每月定期补免。鹌鹑、鸽子等其他禽类免疫，根据饲养用途，参考鸡的免疫程序和所用疫苗进行免疫。

⑥紧急免疫。发生疫情时，要根据受威胁区家禽免疫抗体监测情况，对受威胁区域的所有家禽进行一次加强免疫。最近1个月内已免疫的家禽可以不加强免疫。

⑦调运免疫。对调出县境的种禽或其他非屠宰家禽，在调运前2周进行一次加强免疫。

（2）口蹄疫。

①仔猪、羔羊：28～35 日龄时进行初免，间隔 1 个月后进行一次加强免疫，以后根据免疫抗体检测结果，每隔 4～6 个月免疫一次。

②犊牛：90 日龄左右进行初免，间隔 1 个月后进行一次加强免疫，以后根据免疫抗体检测结果，每隔 4～6 个月免疫一次。

③散养家畜免疫。春、秋两季对所有应免家畜各实施一次集中免疫，对新补栏家畜每月定期补免。

④紧急免疫。发生疫情时，对疫区、受威胁区域的全部易感家畜进行一次加强免疫。最近 1 个月内已免疫的家畜可以不进行加强免疫。

⑤调运免疫。对调出县境的种畜或非屠宰畜，在调运前 2 周进行一次加强免疫。

（3）高致病性猪蓝耳病。

①商品猪：使用活疫苗于断奶前后初免，间隔 4 个月加强免疫一次。

②种母猪：使用活疫苗进行免疫。作种用前免疫程序同商品猪，作种用后每次配种前加强免疫一次。

③种公猪：作种用前使用活疫苗免疫，免疫程序同商品猪；作种用后每间隔 4～6 个月使用灭活疫苗免疫一次。

④散养猪免疫。春、秋两季对所有应免猪各实施一次集中免疫，对新补栏的猪每月定期补免。有条件的地方可参照规模养殖猪的免疫程序进行免疫。

⑤紧急免疫。发生疫情时，对疫区、受威胁区域的所有健康猪使用活疫苗进行一次加强免疫。最近 1 个月内已免疫的猪可以不进行加强免疫。

⑥调运免疫。对调出县境的种猪或非屠宰猪，在调运前 2 周进行一次加强免疫。

（4）猪瘟。

①商品猪：25～35 日龄初免，60～70 日龄加强免疫一次。

②种猪：25～35 日龄初免，60～70 日龄加强免疫一次，以后每间隔 4～6 个月免疫一次。

③散养猪免疫。春、秋两季对所有应免猪各实施一次集中免疫，对新补栏的猪每月定期补免。有条件的养殖户可参照规模养殖猪的免疫程序进行免疫。

④紧急免疫。发生疫情时对疫区和受威胁地区所有健康猪进行一次加强免疫。最近 1 个月内已免疫的猪可以不进行加强免疫。

⑤调运免疫。对调出县境的种猪或非屠宰猪，在调运前 2 周进行一次加强免疫。

2. 主要常见动物疫病的免疫程序

①鸡新城疫。种鸡、商品蛋鸡：3～7 日龄，用新城疫活疫苗进行初免；10～14 日龄用新城疫活疫苗和（或）灭活疫苗进行二免；12 周龄用新城疫活疫苗和（或）灭活疫苗强化免疫，17～18 周龄或开产前再用新城疫灭活疫苗免疫一次。开产后，根据免疫抗体检测情况进行强化免疫。

肉鸡：7～10 日龄时，用新城疫弱毒活疫苗和（或）灭活疫苗进行初免，2 周后，用新城疫疫苗加强免疫一次。

②布鲁氏菌病。所有羊、肉牛每年免疫一次，犊牛、羔羊先检后免。

③狂犬病。初生幼犬 2 月龄时初免，3 月龄时进行第二次免疫，以后每年进行一次免疫。

④炭疽。每年在 3 月份进行一次免疫。发生疫情时，要对疫区、受威胁区所有易感牲畜进行一次紧急免疫。

（三）免疫反应的处置

1. 观察免疫接种后动物的反应

免疫接种后，在免疫反应时间内，要观察免疫动物的饮食、精神状况等，并抽查检测体温，对有异常表现的动物应予登记，严重时应及时救治。

（1）正常反应。是指疫苗注射后出现的短时间精神不好或食欲稍减等症状，此类反应一般可不做任何处理，可自行消退。

（2）严重反应。主要表现在反应程度较严重或反应动物超过正常反应的比例。常见的反应有震颤、流涎、流产、瘙痒、皮肤丘疹、注射部位出现肿块、糜烂等，最为严重的可引起免疫动物的急性死亡。还有个别动物发生综合症状，反应比较严重，需要及时救治。

①血清病。抗原抗体复合物产生的一种超敏反应，多发生于一次大剂量注射动物血清制品后，注射部位出现红肿、体温升高、荨麻疹、关节痛等，需精心护理和注射肾上腺素等。

②过敏性休克。个别动物于注射疫苗后30分钟内出现不安、呼吸困难、四肢发冷、出汗、大小便失禁等，需立即救治。

（3）全身感染。指活疫苗接种后因机体防御机能较差或遭到破坏时发生的全身感染和诱发潜伏感染，或因免疫器具消毒不彻底致使注射部位或全身感染。

（4）变态反应。多为荨麻疹。

2. 处理动物免疫接种后的不良反应

免疫接种后如产生严重不良反应，应采用抗休克、抗过敏、抗炎症、抗感染、强心补液、镇静解痉等急救措施；对局部出现的炎症反应，应采用消炎、消肿、止痒等处理措施；对神经、肌肉、血管损伤的病例，应采用理疗、药疗和手术等处理方法；对合并感染的病例用抗生素治疗。

3. 不良免疫反应的预防

为减少、避免动物在免疫过程中出现不良反应，应注意以下事项：

①保持动物舍温度、湿度、光照适宜，通风良好；做好日常

消毒工作。

②制定科学的免疫程序，选用适宜的毒力或毒株的疫苗。

③应严格按照疫苗的使用说明进行免疫接种，注射部位要准确，接种操作方法要规范，接种剂量要适当。

④免疫接种前对动物进行健康检查，掌握动物健康状况。凡发病的，精神、食欲、体温不正常的，体质瘦弱的、幼小的、年老的、怀孕后期的动物均应不予接种或暂缓接种。

⑤对疫苗的质量、保存条件、保存期均要认真检查，必要时先做小群动物接种实验，然后再大群免疫。

⑥免疫接种前，避免动物受到寒冷、转群、运输、脱水、突然换料、噪音、惊吓等应激反应。可在免疫前后 3～5 天在饮水中添加速溶多维，或维生素 C、维生素 E 等以降低应激反应。

⑦免疫前后给动物提供营养丰富、均衡的优质饲料，提高机体非特异免疫力。

4. 免疫失败的原因及应对措施

免疫接种是激发动物机体产生特异性免疫力，使易感动物转化为非易感动物的重要手段，是预防和控制动物传染病发生和传播的重要措施之一。但是，在实际生产中，由于种种原因导致畜禽免疫失败致使疫病发生和传播的现象非常普遍，已成为困扰畜禽疫病防治工作的重要问题之一。结合目前动物疫病检验和防治业务工作，就畜禽免疫失败原因以及应对措施主要有以下几点原因。

（1）免疫失败原因分析。

①疫苗因素。一是疫苗质量不达标。未经国家批准生产的，或购买渠道不明的，都不能够保证疫苗质量；二是疫苗保存和运输不当。由于疫苗在供应、防疫渠道中环节较多，如果冷链设施建设相对薄弱，疫苗在保存和运输过程中温度达不到要求，就会造成疫苗效价降低或失效；三是疫苗使用不当。免疫是一项对操

作技术要求很高的工作，缺乏责任心，或必需的免疫知识和操作技能，以及不严格按疫苗使用规范操作，都会使免疫效果大打折扣；四是疫苗间相互干扰。任何一种疫苗接种后机体都会产生干扰素，同时接种或几天内连续接种2种以上疫苗就会相互干扰，影响免疫效果。

②动物自身因素。一是母源抗体干扰。初乳、卵黄中母源抗体能中和疫苗毒，首免时间较早会影响活苗的免疫效果。二是发生免疫抑制病，如鸡传染性法氏囊病、马立克氏病、禽传染性贫血病、禽脑脊髓炎、禽白血病、网状内皮增生症、猪蓝耳病、猪圆环病毒2型、猪肺炎支原体、猪伪狂犬、猪附红细胞体病等，会影响所有疫苗的免疫效果。若大群正在发病或个体处于不健康状态或自身免疫系统不健全、体弱、多病、生长发育较差的动物注射疫苗后，应答能力差，易发生不良反应；怀孕动物易发生早产、流产或影响胎儿发育等。动物在体格健壮、发育良好时，注射疫苗后产生免疫力较强。三是营养水平低下。如氨基酸不平衡或必需氨基酸不足，维生素缺乏或不平衡，矿物质和微量元素缺乏或不平衡，必需微量元素如铁、锌、铜等缺乏均会导致免疫功能降低。

③环境因素。一是环境污染严重。舍内空气污浊，有害气体大量蓄积，会刺激呼吸道、眼等黏膜系统，严重影响疫苗的局部黏膜免疫，或环境中病原微生物过多，导致动物抵抗力下降，并易引起接种感染。二是应激反应。动物受到拥挤、寒冷、转群、运输、脱水、突然换料、噪音、惊吓等应激因素刺激时，血压升高，血液中肾上腺素增加，血浆中肾上腺皮质类固醇激素水平提高，胸腺、淋巴组织和法氏囊机能退化，此时接种疫苗，免疫器官对抗原刺激的应答能力下降。另外，机体为了抵抗不良应激，往往使防御机能处于一种疲劳状态，使疫苗不能产生有效免疫力。三是饲料发霉变质。有十多种霉菌毒素，尤其是黄曲霉毒

素，可抑制机体 IgG 和 IgA 的合成，使胸腺和法氏囊、脾脏萎缩，导致免疫抑制。玉米霉变现象在实际生产中是比较普遍的。四是化学元素。如镉、铅、汞、砷等重金属，可增加机体对病毒和细菌的易感性，影响免疫效果。加漂白粉的自来水中，含有大量的氯离子，若用来稀释疫苗，会降低疫苗效果。

④血清型变异。如口蹄疫、禽流感、大肠杆菌、猪蓝耳病等疫病，病原体在不断变异，出现新的变异株和血清型。使用疫苗的血清型若与当地或本场的流行毒（菌）株不一致，就起不到应有的免疫效果。

⑤药物影响。抗病毒类药物、消毒剂对疫苗毒有一定的杀灭作用，另外，抗生素和活毒苗不能同时使用，它会改变疫苗稀释液的 pH 值和渗透压，使病毒作用于细胞的靶位偏差，影响效果。抗菌素如氯霉素、磺胺药、地塞米松、氨茶碱等对疫苗免疫均有影响。大剂量的链霉素抵制淋巴细胞的转化；新霉素对家禽传喉的免疫有明显的抑制；庆大霉素和卡那霉素对 T、B 细胞的转化有明显抵制作用；饲料中如长期添加氨基糖苷类会削弱家禽免疫抗体的产生；土霉素气雾剂能影响新城疫疫苗抗体形成，并且 T 细胞是土霉素的靶细胞，应避免在饲料中长期添加土霉素。地塞米松可减少淋巴细胞产生，使用剂量过大或长期使用会造成免疫抑制。

⑥免疫程序。免疫程序是畜禽整个生长过程中免疫成败的关键。由于免疫程序不合理致使免疫效果不理想的现象比较常见。

（2）应对措施。

①疫苗方面。选用经国家批准、信誉较好厂家的产品。严格按疫苗要求温度保存和运输疫苗。

②免疫操作。免疫人员应选用执业兽医师、助理执业兽医师或乡村兽医。严格规范执行免疫操作程序。冻干苗：稀释疫苗常用生理盐水或蒸馏水，也可使用凉开水，水温不得超过 20℃，不可用含有氯消毒剂的自来水。不得使用金属器具。解冻、开启

和稀释后的弱毒疫苗要立即使用，冬季在 2 小时内、夏季在 30 分钟内用完，避免阳光直射、高温或开启后冻结再用。油乳剂灭活苗：用前充分摇匀，油乳剂苗出现分层时，下层水相层不能超过疫苗总量的 1/10。油苗用前从冰箱取出后应先预温（15～25℃左右），2 种苗要间隔至少 5～7 天。免疫时间最好在早晨或傍晚喂料前进行。免疫前后 48 小时不可以使用抗病毒药、抗菌药；免疫前后 72 小时内不可饮水消毒或带畜喷雾消毒。防止散毒：使用弱毒疫苗时，应避免外溢；未使用完的弱毒疫苗应做高温、消毒或深埋处理。禁止使用化学药品消毒器械。使用一次性无菌塑料注射器时，要检查包装是否完好和是否在有效期内。家畜应一畜一针头，禽至少每 50 只换一个针头。针头长短、粗细要适宜。免疫接种人员要做好自身消毒和个人防护。不同的动物采用相应的保定措施，便于免疫操作，以防免疫接种人员遭受伤害。

③接种动物。要求健康状况良好。幼龄和孕前期、孕后期不宜接种或暂缓接种疫苗。屠宰前 28 天内禁止注射油乳剂疫苗。可在免疫前后 3～5 天在饮水中添加速溶多维，或维生素 C、维生素 E 等以降低应激反应。免疫前后给动物提供营养丰富、均衡的优质饲料，以提高机体非特异免疫力。加强对免疫抑制病的防控，避免饲料霉变或加入有效的脱霉剂。

五、重大动物疫病强制免疫

根据《中华人民共和国动物防疫法》，国家对严重危害养殖业生产和人体健康的重大动物疫病实行强制免疫制度，它是重大动物疫病防控的重要工作，也是有效防控重大动物疫病的基础。

（一）免疫病种和要求

根据国家动物疫病强制免疫计划，对高致病性禽流感、高致病性猪蓝耳病、家畜口蹄疫、猪瘟等 4 种动物疫病实行强制免疫，总体要求是，全体免疫密度常年维持在90％以上，其中，应免畜禽免疫密度要达到100％，免疫抗体合格率全面保持在70％以上。鸡新城疫属于计划免疫病种。

（二）免疫组织方式

由各级人民政府组织发动，由各级畜牧兽医主管部门制定方案、计划，各级动物疫病预防控制机构具体负责强制免疫疫苗的运输、储存、发放、免疫效果评价及免疫人员的培训。基层动物防疫队伍，特别是村级动物防疫人员在当地政府的统一组织领导下，具体实施散养户的重大动物疫病强制免疫；向规模场（户）发放疫苗并监督其实施免疫。对散养户每年春、秋两季按程序各进行一次全面的集中免疫。规模场（户）按照程序列入常规免疫，由县、乡动物卫生监督机构进行监管。县级以上动物疫病预防控制机构负责免疫效果的监测和监督。

（三）疫苗的调拨

强制免疫必须使用农业部批准生产的疫苗。在疫苗供应和发放上，实行计划管理、政府采购、动物疫病预防控制机构主渠道供应、统一调拨、分级负责，发生重大动物疫情、灾情或者其他突发事件时，疫苗由农业部统一调用。

（四）疫苗的管理

强制免疫用苗实行疫苗实物台账，专人专账管理，应建立健全出入库、验收、储存、发放、领用、运输等各环节的规章制度，做到手续齐备，账物相符、账表相符。强制免疫疫苗费用全部由政府财政负担，中央和地方财政按规定承担相应的资金，实行专款专用、专账管理、专户贮存。

（五）疫苗运输和贮存

夏季疫苗应采用冷藏运输；冬季运输油乳剂灭活苗时要注意防冻。疫苗应在要求的温度下避光保存。

第三节　动物保健技术

动物保健是动物保护的重要内容。动物只有健康才能生存与繁衍，才能感受愉快和安逸，才能生产出优质的产品，也才能保护人类自身的健康。

一、动物保健的概念和目的

保健一词源于日语，直面意思就是保护动物健康，亦指人类为了保护和增进动物健康、防治疾病，动物饲养者和动物医生所采取的综合性措施。目前一般认为，所谓动物保健就是运用预防医学的观点，对动物实施各种防治疾病发生和卫生保健的综合措施和方法，减少或消除各种致病因素，保持和提高动物机体的特异性和非特异性抗病能力，以充分发挥动物生命潜能，预防疾病发生，提高生长速度。这是一项保证动物健康的系统工程。动物保健的最终目的，是在于向人类提供安全的动物食品，并为养殖业自身的快速可持续发展，提供良好的社会环境和饲养环境。

二、动物保健的原则和作用

（一）原则

在自然环境中，存在着各种致病因子，当动物受到致病因素的攻击时，就会调动机体所有的抵病力来抵抗这些致病因素。平时致病因素和机体两者作斗争，处在一个势均力敌，相对平衡的状态，这种相对平衡的状态反映在临床上为亚健康状态。因此，动物绝对健康的是少数，处于疾病状态也是少数，大部分情况为亚健康状态。当致病因子的攻击力不变，机体抗病力下降，或者致病因子的攻击力增强超过机体抗病力时，亚健康状态才转化为疾病状态，所以动物保健防病的总原则是扶正祛邪。扶正就是保持或增强机体本身特导性和非特导性抗病能力，亦称为主动性保健；祛邪就是减少或消除各种致病因素，也称为被动保健，如搞好环境卫生、消毒、保持圈舍通风、供给充足饮水和适当地添加药物等。

（二）作用

就是促使动物机体由亚健康状态向健康的方向转化，阻止它向疾病的方向转化，不使动物出现临床症状或者减少动物发病概率。机体保健的过程是一种防患于未然的过程，是一种渐进式的调理。当机体各项机能都处于旺盛期，机体非常健康时，保健品作用并不明显，但当机体处于亚健康状态或生理机能衰退，自身免疫力下降，对疾病易感时，保健作用就会显现出来。

三、动物保健措施

影响动物健康的因素很多，主要有损伤性、感染性、代谢性与中毒性等几个方面。因此，动物保健一般采取的措施包括：加强饲养管理、控制环境因素、预防动物疫病，防止营养不良与中毒、减少应激伤害、合理使用动物保健添加剂等。

（一）制定与落实动物保健计划

根据动物群体的特点，制定周密的动物保健计划，并将计划规定的各项保健措施落实到饲养、管理、生产的各个环节中是实施动物保健措施的基础。

动物保健计划制定的原则：一是根据动物饲养的数量、密度、管理水平、疾病状况等确定动物保健的技术指标；二是诊断动物群的疾病按技术和经济标准确定各种疾病的重要性次序，启用合适的疾病预防与控制方法；三是保健计划应对生产进行全面监控。

（二）实施动物保健措施

1. 加强饲养管理

饲养管理与动物的生长发育和健康密切相关，也是动物保健的重要的手段。加强日常饲养管理，规范化养殖，避免突然变更饲料和饲喂方式，保持动物圈舍温湿度相对恒定，关心和满足动物从引种、配种、怀孕、产仔、断奶、育肥等不同阶段，依据动物的生理、心理、行为及生长发育特点，规范养殖生产行为，创造有益于动物身心健康的生活与生产环境，坚持以动物为主体，给予人文关怀，施以人性化管理。

（1）场址选择：远离闹市，无工业污染，交通方便，房舍注意采光、通风，环境要清洁卫生。

（2）管理方面：饲养数量适中，以防止饲养密度过大；管理程序规范科学。

（3）饲养方面：饲料要全价营养，防止营养不良等代谢性疾病的发生；因时因地因动物不同生理阶段调整日粮配方。

2. 控制环境因素

包括外部环境和内部环境的控制。

（1）外部环境的控制。包括植树种草进行绿化和搞好粪污处理等。按照第二章第六节，动物环境卫生基础知识的内容，在养殖场周围和场区空闲地植树种草进行环境绿化，改善小气候、洁净空气和光照，为动物创造一个有利于生长发育的环境条件。

（2）内部环境的控制。主要包括温度、湿度和空气。

①温度。温度在环境诸因素中起主导作用，动物圈舍内温度的高低取决于舍内热量的来源和散失的程度。在无取暖设备条件下，热的来源主要靠动物体散发和日光照射的热量，热量散失的多少与圈舍的结构、建材、通风设备和管理等因素有关，在寒冷季节对圈舍应添加增温或保温设施。在炎热的夏季，要做好防暑降温工作。如加大通风，给以淋浴，加快热的散失，减小养殖密

度，以减少舍内的热源。

②湿度。湿度是指动物圈舍内空气中水汽含量的多少，一般用相对湿度表示。应根据不同动物的需要，选择最适宜的湿度条件，才能确保动物健康生长。否则，湿度过高影响动物陈代谢，不但会引发疫病，还可诱发肌肉、关节方面的疾病。为了防止湿度过高，首先要减少圈舍内水汽的来源，少用大量水冲刷圈，保持地面平整，避免积水，设置通风设备，经常开启门窗，以降低室内的湿度。

③空气。动物圈舍空气中有害气体的最大允许值，二氧化碳为 $1\ 500\ mg/m^3$，氨 $25\ mg/m^3$，硫化氢 $10\ mg/m^3$，空气污染超标往往发生在门窗紧闭的寒冷季节。若动物长时间生活在这种环境中，首先刺激上呼吸道黏膜，极易感染或激发呼吸道疾病。污浊的空气还可引起动物的应激综合征，因此，规模化动物圈舍在任何季节都需要通风换气。全封闭式的依靠排风扇换气。

3. 预防和控制动物疫病

（1）免疫接种。以预防为主，养防结合，防重于治为基本原则，严格按照免疫程序及时免疫接种是预防和控制动物疫病发生的重要手段。

（2）做好驱虫。驱虫保健工作是动物保健体系中预防疾病的重要工作之一。以保证动物的健康与生长发育，预防疾病发生，制定合理的定期驱虫制度，可增强对疾病的抵抗能力，提高动物对疫苗的免疫应答水平，有效地防止寄生虫疾病发生。

（3）检验诊断。是保证单位个体，尤其是群体健康，防止疫病大范围发生的重要手段，就目前动物疫情、疫病的发生而言，大都为多病源多重感染，病情复杂，确诊困难，特别是某些流行快、死亡高、危害大的重大传染病，只有通过疫病监测检验才能及时做出准确诊断，才能把损失减少到最低限度。所以完善动物疫情监测体系、提高疾病诊断方法，防患于未然，是构筑疫病防控体系的关键环节之一。

（4）加强检疫。在引进新的动物时，要强化检疫，规范检疫程序，使用正规厂家生产的各种仪器和药品试剂，保证检疫结果的准确性和可信度。如果在实际过程中忽视检疫或不按规范程序操作，导致动物失去正常防疫保健，一旦疫情暴发，后果不堪设想。

（5）卫生消毒。实施卫生消毒、切断传播途径是贯彻预防为主的措施之一，也是重大疫病防控最有效的综合防制措施的重要环节，更是保障生物安全的有力措施。随着养殖科学技术和集约化养殖生产水平的不断提高，消毒工作必须保持经常化、制度化、规范化、程序化。一是明确消毒目的，消毒所使用的消毒药、稀释浓度、消毒方法要从杀灭病毒、细菌，甚至真菌、虫卵等多方面去考虑，选择抗毒抗菌谱广消毒药以保证消毒效果。二是根据消毒对象、目的及环境状况，结合消毒药品特性、杀菌效力等合理选择广谱、快速、安全、毒性小、无刺激、无腐蚀、经济实用的消毒药。三是消毒前对畜禽圈舍通过清扫、浸泡、刷洗等去其表面附着物，消毒应根据不同的消毒对象及被消毒物的种类、性质和不同消毒方法的要求选择适宜的消毒方法，采取立体消毒法，不留死角。四是消毒药物要现用现配，配制时应认真按说明书要求和面积计算用量，稀释好的消毒液最好当天用完，冬季注意水温。五是消毒药物要定期更换和交替使用，以防产生抗药性，影响消毒效果。六是消毒过程要注意安全，带动物消毒时应选择无刺激、毒性小、无腐蚀、安全消毒药，严格配比浓度。七是消毒工作贵在认真、详细，必须制定消毒计划和方案，严格消毒制度。

4. 注意保持动物营养

充足的营养是动物赖以生长发育、提高生产性能的有力保障。根据不同季节适当调整日粮营养浓度，注意微量元素之间的平衡和添加量，供给必需的维生素，保证饲料的营养平衡，满足动物各个阶段生长发育的营养需要；坚决杜绝喂饮霉变饲料和结冰或不卫生水，确保动物良好体况和代谢协调，增强动物的非特异性免疫力。除了动物营养师们精心调配的能量蛋白质平衡、维生素、微量元素合理外，还需添加各种饲料添加剂，如酶制剂、抗氧化剂、防霉剂、酸化剂、甜味剂以及洁净卫生的饮用水，以及帮助脂肪吸收的乳化剂。如此搭配合理的日粮，才能让动物生活在舒适的环境中，发挥其良好的生产性能。

5. 减少应激，保障动物健康

应激指动物机体受到强烈刺激或处于紧张状态下的非特异性全身反应。刺激过强或过久则对动物机体造成危害。引起应激反应因素包括的内容很多，如极端的高温、低温、高湿、严重的噪声以及在饲养过程中的饥饿、营养不良、饲料骤变和饲养人员频繁更换、高密度的拥挤、长途运输、患寄生虫以及其他疾病等。

（1）应激反应主要表现。在临床上主要表现为不安、狂躁、敏感性增强、畏缩、颤抖、咬围栏等；然后，动物安静时，对环境表现出冷漠，对正常刺激不反应等；再后来可导致体温升高、呼吸困难、出现消瘦、脱水等症状。在病理学上，表现为肾上腺受损出血、胃肠黏膜出血、溃疡或糜烂，肌肉变白，如猪出现"肌白肉"。因运输可导致动物死亡。

（2）抗应激措施。为减少对动物的各种应激，维持机体平衡，发挥动物最大的生理潜能，应从动物生理、心理、行为学的角度实施集约化生产，为畜禽创造一个安静、舒适、卫生的生长、生产环境。针对运输环节的应激情况，应采取缩短运输时间；减少不必要的刺激；运输前后饲喂抗应激药剂等。

6. 合理使用动物保健添加剂

动物保健添加剂是添加到日粮中，具有改善日粮质量，促进动物生长繁殖、防止疾病、保障动物健康与生产性能等功能的日粮补充剂。主要包括营养添加剂、药物添加剂（抗菌药、抗虫药、抗应激药、防霉与抗氧化添加剂）、微生物添加剂等多种类型。作为保健添加剂，必须具有效果好、毒副作用小和不易产生耐药性的特点。

利用各种动物保健品对动物施行保健是当前普遍使用的措施。其适用范围和使用方法因保健品的种类而异，效果也不尽相同。

（1）营养添加剂。主要包括氨基酸、维生素、矿物元素等，用于平衡日粮的营养成分，保持全价的日粮性。中毒情况较少见，但过量添加也会导致毒性作用。

（2）抗菌类添加剂。能防制许多传染病与非传染病，促进畜禽生长发育，提高饲料利用率与畜禽成活率，但长期或大量使用将对畜禽产生耐药性；还有其他的副作用，如对组织细胞的毒性作用，及在组织中蓄积后具有致畸、致癌与致突变作用。

（3）微生物添加剂。称为益生菌或益生素（probiotics），是一种活菌制剂。主要通过微生物本身及其代谢产物发挥作用，可提高生长速度、改善饲料利用率及防治疾病。益生素必须含有高浓度的活菌，能在胃肠道内寄生，利用胃肠道内的物质生长繁殖，能抵抗抗生素的作用，不污染环境，对人、畜其他动物无致病作用和潜在危害，生产成本能被市场接受等。目前，使用的菌株主要有：蜡样芽孢杆菌、枯草芽孢杆菌、乳酸杆菌与乳酸链球菌、双歧杆菌等。

值得注意的是，一些保健产品的质量和规格尚无统一要求和国家标准，对许多保健品的功效仍在探索之中，因而在实际应用时要善于甄别，小心使用。禁止使用违禁药品。

第四节　兽医临床诊断技术

兽医临床检查的目的是为了查明患病动物病状，判定疾病性质、病名，确定诊断，以便及早发现疫情，及时采取相应的防治、扑灭措施。

一、兽医临床检查方法

认识和鉴别疾病的过程称为诊断。兽医临床检查的基本方法主要包括问诊、视诊、触诊、叩诊、听诊和嗅诊。

（一）问诊

向畜主了解患病动物发病情况和过程经过。主要内容包括病史、既往病史、饲养管理、预防注射和治疗情况等。

（二）视诊

用肉眼或借助简单器械观察患病动物病理现象的一种检查方法。主要内容包括外貌、精神、姿势、步态等可视器官的变化和某些生理活动情况等。

（三）触诊

用手直接感觉患病动物身体器官组织的温度、硬度、形状、大小、活动性、敏感性、疼痛性和表面状态的一种检查方法，还可用以检查脉搏和胃肠内容物的性状等。

（四）叩诊

叩击患病动物体表的某一部位，根据所发出音响的特性，判定被检器官、组织病理变化的一种检查方法。

（五）听诊

利用听觉去辨认某些器官在活动过程中的音响，借以判断其病理变化的一种检查方法。

（六）触诊

借助嗅觉检查患病动物的分泌物、排泄物、呼出气及皮肤气味等的一种检查方法。

二、健康动物与患病动物的临床识别

通过兽医一般临床检查，多数情况下即可区分健康和患病动物，主要从外观精神状态、饮食、姿势、营养状况以及体温、心率、呼吸频率、可视黏膜变化等方面进行综合观察和区分。

（一）精神状态

健康畜禽双眼有神，行动灵活协调，叫声悦耳有节律，对外界刺激反应迅速敏捷。患病动物常表现精神沉郁、闭目低头、毛发逆立、离群独处、反应迟钝、嗜睡昏迷等，也有的表现为精神亢奋、惊恐、狂躁，对外界轻微刺激表现异常敏感等。

（二）饮食情况

健康畜禽食欲旺盛，采食过程相互争抢，不时饮水。患病动物采食困难、食欲降低或废绝及出现异嗜现象等，对饲喂饲料时反应冷淡，或勉强采食几口后离群独处，有发热或拉稀表现的患病动物可能饮水量增加或喜饮污水，病情严重的则可能饮食废绝。

（三）体态姿势

各种动物都有其特有和习惯的体态姿势。健康猪贪吃贪睡，而仔猪好动灵活，不时摇尾；健康牛喜欢卧地，常有间歇性反刍以及用舌舔鼻镜和被毛的动作；家禽群居喜动，好奔跑。患病动物常出现姿势体态异常，如鼻孔张开、牙关紧闭、双耳竖立，头颈平伸、头颈扭转、肢体僵硬、拱背翘尾、不断怒责、躯体歪斜、依墙靠壁、两腿叉开、卧地翻滚等现象。典型病例还会出现特征性临床表现。

（四）营养状况

一般根据肌肉、皮下脂肪、被毛光泽等情况判定动物营养状况的好坏。健康动物营养良好，表现为肌肉发达，皮下脂肪适中，被毛有光泽；患病动物一般营养不良，表现为消瘦，被毛蓬乱，无光，皮肤缺乏弹性，骨骼外露明显。消瘦是临床常见的症状，如动物短期内急剧消瘦，多由急性高热性疾病、急性肠炎腹泻或采食和吞咽困难等病症引起；如病程发展缓慢，则多为慢性消耗性疾病（主要为慢性传染病、寄生虫病、长期的消化紊乱或代谢障碍性疾病等）引起。

（五）体温

体温变化是动物机体对病原刺激的应答反应，对早期发现患病动物、判定病性、验证疗效、推断预后都具有重要意义。家畜的体温在直肠内测定，禽类在翅膀下测定。体温超过正常标准，即称体温升高（发热），多见于急性传染病和炎症过程；体温低于正常值，称为体温过低，一般见于大出血，心循环衰竭及某些中毒病（表3-2）。

表3-2　健康动物的正常体温（肛表）标准（℃）

动物	体温范围	动物	体温范围
牛	37.5～39.5	山羊	38.0～40.0
骆驼	36.5～39.5	绵羊	38.5～40.5
马	37.5～38.5	家兔	38.5～39.5
骡	38.0～39.0	鸡	41.0～42.5
驴	37.5～38.5	鹅	40.0～41.0
猪	38.5～40.0	鸭	41.0～42.5
犬	37.5～39.0	鸽子	41.0～42.5

（六）心率

心率检查可通过两种方法，一是检查脉搏跳动次数，二是用听诊器听心脏跳动次数。

1. 检查脉搏跳动次数

通常将中指、食指放在病畜的脉搏上，用触诊方法检查。脉搏检查的部位：牛在尾中动脉或颌外动脉；马属动物在下颌动脉或横颜面动脉；羊、犬、兔等中小动物在股内侧的股动脉。检查脉搏要让动物保持安静，检查者要平心静气，数1分钟的脉搏数，以"次/分"表示。脉搏触诊检查还可以提供脉搏性质、脉搏节律等信息，反映心脏和血管的机能和状态。

2. 听诊器检查心脏跳动次数

先将动物的左前肢向前拉伸半步，以充分暴露心脏区，通常在左侧肘头后上方心区部位听诊，将听诊器的听头放在心区部位，并使之与体壁密切接触，保持动物安静，听诊者平心静气，数1分钟的心跳次数，以"次/分"表示。健康畜禽的心率标准见表3-3。

表3-3 健康畜禽每分钟脉搏数（次/分）

动物	脉搏范围	动物	脉搏范围
牛	60～80	山羊	70～80
骆驼	25～40	绵羊	100～120
马	36～44	家兔	120～140
骡	42～54	鸡	140～200
驴	42～54	鹅	120～160
猪	60～80	鸭	140～200
犬	70～120	鸽子	140～200

（七）呼吸频率

呼吸频率即每分钟的呼吸次数，应在动物安静状态下进行检查。对于家畜，主要观察胸腹壁的起伏动作或鼻翼的扇动，也可根据呼出的气流进行测数。鸡可观察肛门周围的羽毛起伏动作计数。呼吸频率的病理变化：常见有频速和频缓两种。前者见于发热性疾病、高度贫血、剧痛性疾病以及使肺呼吸面积缩小的疾病；后者临床上少见，主要为呼吸中枢高度抑制，见于产后瘫痪、脑水肿、某些中毒及上呼吸道高度狭窄时。健康畜禽的呼吸频率见表3-4。

表3-4　健康畜禽每分钟呼吸数（次/分）

动物	呼吸频率	动物	呼吸频率
牛	10～30	羊	12～20
骆驼	5～12	家兔	50～60
马	8～16	鸡	15～30
骡	8～16	鹅	12～20
猪	10～20	鸭	16～28
犬	10～30	鸽子	16～28

（八）被毛、皮肤

被毛检查主要观察毛、羽的清洁、光泽及脱落情况；皮肤检查注意其颜色、温度、湿度、弹性、有无肿胀等。

1. 被毛的检查

健康家畜的被毛整洁、有光泽，禽类羽毛平顺而光滑。患病动物一般被毛蓬乱、无光泽或羽毛逆立。

2. 皮肤颜色检查

白色皮肤部分，颜色变化容易辨认；有色皮肤，则应参照可视黏膜的颜色变化。在鸡应注意鸡冠的颜色，而猪应检视鼻盘颜色变化。患病动物皮肤变化常见两种情况：一是皮肤发绀，呈蓝紫色。轻则以耳尖、鼻盘及四肢末端出现明显变化，重则可遍及全身。二是皮肤上出现红色斑点或疹块。

皮肤或皮下组织的肿胀可由多种原因引起，不同原因引起的肿胀又有不同的特点。包括皮下气肿、皮下水肿、脓肿和血肿，临床触诊可进行区分。多发于眼、唇、口、鼻、冠、蹄趾部、乳房等被毛稀疏部位的疹疱性病变，在牛、羊、猪可表现为口蹄疫、猪水疱病、猪丹毒、仔猪副伤寒及痘症等传染性疾病。

（九）可视黏膜

可视黏膜包括眼结膜、口腔黏膜、鼻黏膜和膣腔黏膜等。临床上，一般检查眼结膜，猪正常的眼结膜为淡红色，牛的眼结膜比猪的颜色浅。主要观察色泽、有无肿胀及损伤、分泌物及其性质，患病动物可能出现苍白、潮红、发绀、黄染、肿胀及有分泌物等病理变化。

（十）动物粪便

检查动物粪便一方面要观察排粪动作，另一方面，要检查粪便性状。

正常状态下，动物排粪时背部微拱，后肢叉开，腹部紧缩，尾根举起。而患病动物可能出现排粪吃力，排粪频繁、排便失禁、里急后重等现象。健康动物的粪便都有其固有的性状。一些热性疾病、胃肠道疾病和部分寄生虫病可引起动物粪便性状的改变，包括粪便形状、硬度、颜色、气味的改变和粪便中出现浓汁、血液、黏液、虫体、异物等混杂物。

（十一）浅表淋巴结

浅表淋巴结检查多用触诊，必要时采用穿刺检查。检查时，注意其位置、形态、大小、硬度、敏感性和移动性。主要检查下颌淋巴、腹股沟淋巴和乳房淋巴结等。如果淋巴结体积增大，有热，痛反应，质地较硬为急性肿胀；淋巴结坚硬，表面不平，活动性较差，无热痛感，为慢性肿胀；淋巴结显著肿胀，有热痛、脓，表面被毛脱落，触诊有波动，皮肤变薄、最后破溃流脓，为淋巴结化脓，淋巴结肿胀多为传染性疾病的一种临床表现。

三、重大动物疫病的流行特点和临床特征

（一）口蹄疫

是由口蹄疫病毒引起的偶蹄动物共患的一种急性、热性、高度传染性病毒性疫病。其临诊特征是在舌、口唇、鼻、乳房、蹄等部位发生水泡，破溃后形成溃疡烂斑。世界动物卫生组织（OIE）将其列为必须报告的动物疫病，我国将其列为一类动物

疫病。

1. 流行特点

口蹄疫可侵害多种动物，以偶蹄动物易感，对重要经济畜种如猪、牛、羊、威胁最大，人也可感染，但易感性很低。

口蹄疫病毒变异性极强，有 7 个血清型，型间不能交叉免疫。与其他动物病毒相比，动物机体对口蹄疫的免疫应答程度较低。免疫注射动物，甚至发病后康复动物，再次受到同源病毒攻击时不能保持不再发病，其免疫系统不能完全阻断病毒感染。

发病动物、隐形带毒动物是最主要的直接传染源，尤其发病初期的病畜是最危险的传染源。口蹄疫的潜伏期短，发病急，动物感染病毒后最快十几小时就可向外界排毒，病毒主要通过呼出气体、破溃水泡、唾液、乳汁、粪尿和精液等分泌物和排泄物污染周围环境。口蹄疫病毒的感染性和致病力特别强，病畜排到环境中的病毒，相对来说又有较强的抵抗力和存活力。口蹄疫有多重传播方式和感染途径，可直接接触传播和间接接触传播，也可经人和非易感动物造成机械性传播。气源性传播方式对远距离的传播更具有流行病的意义，据有关报道，病猪经呼吸排到空气中的病毒能随风传播到 50 ~ 100km 以外的地方。

口蹄疫流行方式主要呈大流行和常在性疫源地形式，还可出现跳跃式传播流行方式。口蹄疫一年四季均可发生，无严格的季节性，但其流行却有明显的季节性规律，一般冬春季节大流行较夏季更为常见。

2. 临床症状

病初体温升高到 40 ~ 41℃，食欲减少，精神不振，继而出现跛行、不愿站立现象，在蹄冠、蹄踵、蹄叉、唇部、舌面、齿龈、鼻镜、乳房等部位出现水泡。发病后期，水泡破溃，到 1 周左右可结痂痊愈。当继发细菌感染时，则可发生化脓性和腐烂性炎，严重者蹄壳脱落，恢复期可见瘢痕、新生蹄甲。

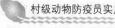

口蹄疫传播速度快，发病率高，成年动物死亡率低，但幼畜常突然死亡且死亡率高，仔猪常成窝死亡。

（二）高致病性禽流感

高致病性禽流感是由 A 型流感病毒引起家禽和鸟类急性、高度接触性、高发病率、高致死率的烈性病毒性传染病。其病理变化特征是全身组织器官广泛性出血。世界动物卫生组织（OIE）将其列为必须报告的动物疫病，我国将其列为一类动物疫病。

1. 流行特点

A 型禽流感病毒的宿主范围十分广泛，包括家禽、野禽、野鸟、水禽、迁徙鸟类及猫、水貂、猪等哺乳动物和人，其中鸡、火鸡最易感。

本病的传播途径主要是接触的水平传播，一般认为要通过密切接触，有时可垂直传播。传染源主要为病禽和带毒禽（包括水禽和飞鸟）。病毒可长期在污染的粪便、水等环境中存活，感染禽的羽毛、肉尸、分泌物、排泄物以及污染的饲料、水、蛋托（箱）、垫草、种蛋、鸡胚和精液等均为重要的传染源。也可通过气源性媒介传播，经呼吸道、消化道感染。

2. 临床症状

呈最急性型经过，鸡群发病后多无明显症状，突然死亡，病鸡高度精神沉郁，采食迅速下降和废绝，拉黄绿色或灰色稀粪。逐渐出现呼吸困难；鸡冠和肉髯水肿，边缘出现紫黑色坏死斑点；脚鳞出血；产蛋鸡产蛋急剧下降甚至绝产。有些鸡群没有出现明显症状即大批死亡，死亡率高达 90% 以上。

鸭、鹅等水禽可见神经和腹泻症状，有时可见角膜炎症，甚至失明。

（三）新城疫

新城疫是由副粘病毒科副粘病毒亚科腮腺炎病毒属的禽副粘病毒 I 型引起的高度接触性禽类烈性传染病。世界动物卫生组织

（OIE）将其列为必须报告的动物疫病，我国将其列为一类动物疫病。

1. 流行特点

鸡、火鸡、鹌鹑、鸽子、鸭、鹅等多种家禽及野禽均易感，各种日龄的禽类均可感染。非免疫易感禽群感染时，发病率、死亡率可高达90%以上；免疫效果不好的禽群感染时症状不典型，发病率、死亡率较低。本病传播途径主要是消化道和呼吸道。传染源主要为感染禽及其粪便和口、鼻、眼的分泌物。被污染的水、饲料、器械、器具和带毒的野生飞禽、昆虫及有关人员等均可成为主要的传播媒介。

2. 临床症状

本病的潜伏期为21天。临床症状差异较大，严重程度主要取决于感染毒株的毒力、免疫状态、感染途径、品种、日龄、其他病原混合感染情况及环境因素等。根据病毒感染禽所表现临床症状的不同，可将新城疫病毒分为5种致病型。

（1）嗜内脏速发型。以消化道出血性病变为主要特征，死亡率高。

（2）嗜神经速发型。以呼吸道和神经症状为主要特征，死亡率高。

（3）中发型。以呼吸道和神经症状为主要特征，死亡率低。

（4）缓发型。以轻度或亚临床型呼吸道感染为主要特征。

（5）无症状肠道型。以亚临床性肠道感染为主要特征。

新城疫的典型临床症状为发病急、死亡率高；体温升高、极度精神沉郁、呼吸困难、食欲下降；粪便稀薄，呈黄绿色或黄白色；发病后期可出现各种神经症状，多表现为扭颈、翅膀麻痹等。在免疫禽群表现为产蛋下降。

（四）猪瘟

猪瘟是由黄病毒科瘟病毒属猪瘟病毒引起的一种高度接触

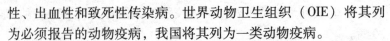

性、出血性和致死性传染病。世界动物卫生组织（OIE）将其列为必须报告的动物疫病，我国将其列为一类动物疫病。

1. 流行特点

只有猪和野猪感染发病，一年四季都可发生。猪瘟的流行主要是病猪与易感猪之间直接或间接感染而引起，带毒母猪经胎盘垂直感染胎猪也是传播途径之一。

病猪和隐性感染猪是主要的传染源，病猪的排泄物和分泌物污染环境而散发病毒；病猪尸体的脏器及急宰病猪的肉尸、脏器、污水都可成为危险的传染源，此外，还包括被病毒污染的饲料和饮水，以及病后带毒猪、潜伏期带毒猪也是重要传染源。特别值得关注的是，没有临床症状的"带毒母猪"，大量的病毒可通过其产下的仔猪进行传播，甚至可存在于血清中有中和抗体的猪中，构成潜在的传染源。

有些猪场由于各种原因造成猪群抗体水平比较低，给病毒侵入造成可乘之机，一旦发病，在短期内造成广泛流行，发病率和死亡率都很高。但常发地区，一般呈散发流行，发病率和死亡率都比较低，临床症状缓和，病变也不典型。

2. 临床症状

潜伏期为 3～10 天，隐性感染可长期带毒，根据临床症状可将本病分为急性、亚急性、慢性和隐性感染四种类型。

猪瘟的典型临床症状为发病急、死亡率高；体温通常升至41℃以上、厌食、畏寒；先便秘、后腹泻，或便秘和腹泻交替出现；腹部皮下、鼻镜、耳尖、四肢内侧均可出现紫色出血斑点，指压不褪色，眼结膜和口腔黏膜可见出血点。

（五）高致病性猪蓝耳病

致病性猪蓝耳病是由猪繁殖与呼吸综合征（俗称蓝耳病）病毒变异株引起的一种急性、高致死性疫病。育肥猪也可发病死亡是其特征。我国将其列为二类动物疫病。

1. 流行特点

猪是唯一的易感动物，各种年龄和种类的猪均可感染，但以1月龄内的仔猪和妊娠猪发病最严重。该病主要传染途径是呼吸道，直接接触为最主要的传播方式，传播迅速。气源性传播也是重要的传播形式，在流行期间，即使是严格封闭式管理的猪群也很难避免感染。另外，该病还与发病猪场的规模、密度和卫生条件有关；低温、光照不足或高温高湿有利于该病的流行；病毒可通过受精或配种由公猪传染，也可经其他动物、人或交通工具等媒介传播。其他细菌性、病毒性疾病和饲料中的霉菌毒素可诱发和加重病情，临床上常见混合感染和继发感染现象发生。

2. 临床症状

体温明显升高，可达41℃以上；眼结膜炎、眼睑水肿；咳嗽、气喘等呼吸道症状；部分猪表现皮肤发绀、后躯无力、不能站立或共济失调等神经症状；仔猪发病率可达100%、死亡率可达50%以上，母猪流产率可达30%以上，成年猪也可发病死亡。临床上常与其他细菌性、病毒性疾病发生混合感染或继发感染，临床症状更为复杂，病死率更高。

（六）猪链球菌病

猪链球菌病是一种人兽共患传染病，是由不同血清群链球菌感染引起猪的不同临床症状类型疾病的总称。导致人感染的主要是猪Ⅱ型链球菌病，其特征为高热、出血性败血症、脑膜炎、跛行和急性死亡；慢性型链球菌病的特征为多发性关节炎、心内膜炎和化脓性淋巴结炎。我国将其列为二类动物疫病。

1. 流行特点

各种年龄的猪都可感染发病，但新生仔猪和哺乳仔猪的发病率和死亡率最高，其次是青年猪和妊娠母猪。本病一年四季均可发生，以5~11月发生较多。本病传入后，往往在猪群中陆续出现，急性败血型链球菌病呈地方性流行，可于短期内波及全群，并急性死亡，慢性型多呈散发。

2. 临床症状

少数猪呈最急性型，不见症状突然死亡。多数猪呈急性败血型，突然高热，食欲减退或废绝，有浆液性或黏液性鼻液，结膜潮红、出血，流泪，呼吸急促，间有咳嗽。颈部皮肤最先发红，由前及后，于耳尖、四肢下端、腹下呈紫红色或出血性红斑，跛行。个别病猪出现血尿、便秘或腹泻、血便、后躯麻痹，多在3～5天内死亡。

（1）急性脑膜炎型。主要症状为尖叫、惊厥、共济失调、口吐白沫、昏迷，最后衰竭麻痹，常在2天内死亡。

（2）亚急性型。与急性型相似，但病情缓和，病程稍长。

（3）慢性型。主要表现为不同食欲减退，沉郁，关节炎，以及肺炎、化脓性淋巴结炎、子宫炎、乳房炎、咽喉炎和皮炎等。

（七）狂犬病

狂犬病又名恐水病，是由狂犬病毒引起的人畜共患急性传染病。病毒主要侵害中枢神经系统，病毒的临床特征是呈现狂躁不安和意识紊乱，最后发生麻痹而死。我国将其列为二类动物疫病。

1. 流行特点

本病毒能感染所有的哺乳动物。多呈散发，无明显的季节性，但春夏较秋冬多发。

病毒和带毒的（犬科、猫科）野生动物是本病的重要传染源，病犬是人和家畜的主要传染源。传播方式呈连锁状，即一个接一个地传染。主要经病畜咬伤而感染，尤其是犬，通过咬伤传播是唯一途径，在少数情况下，也可由病犬、病猫舔健康动物伤口而感染。也可通过含病毒的气溶胶微粒经呼吸道感染；当人误食有病动物的肉，或动物相互蚕食时，也可经消化道感染。

2. 临床表现

病畜狂躁不安，意识紊乱，最后麻痹死亡。

（1）犬与猫。临床表现有狂暴型和麻痹型。狂暴型表现为精神沉郁，常喜卧于阴暗的角落及家具下。行动反常，表现不安，用前足刨地；当受到光线、音响刺激或主人抚摸时，表现惊恐和突然跳起，有时望空扑咬。有的病犬看到水或听到流水声及泼水声立即呈现癫狂发作，故称恐水症。大量流涎，狂躁不安、厌食，攻击人畜或自咬，最后全身衰竭和呼吸麻痹而死。麻痹型以麻痹症状为主，短期兴奋，病犬从头部肌肉开始麻痹，表现吞咽困难，流涎，张口，卧地不起和恐水等，多经 2～4 天死亡。

（2）牛、羊、鹿。表现为狂暴型。咬伤部位奇痒，兴奋、攻击人畜或抵撞墙壁等。嚎叫、磨牙、大量流涎，最后麻痹死亡。

（3）马。多为沉郁型，有时呈破伤风样症状。

（4）猪。表现为狂暴型。病猪兴奋不安，常无目的地乱跑，横冲直撞，攻击人畜。咬伤处发痒，叫声嘶哑，咬牙，大量流涎。安静时，常隐藏在垫草中，听到轻微的声响即从垫草中窜跳出来，最后发生麻痹而死亡。

（八）结核病

牛结核病由牛型结核分枝杆菌引起的一种人兽共患的慢性传染病，以组织器官的结核结节性肉芽肿和干酪样、钙化的坏死病灶为特征。我国将其列为二类动物疫病。

1. 流行特点

本病奶牛最易感，其次为水牛、黄牛、牦牛。人也可被感染。结核病病牛是本病的主要传染源。牛型结核分枝杆菌随鼻汁、痰液、粪便和乳汁等排出体外，健康牛可通过被污染的空气、饲料、饮水等经呼吸道、消化道等途径感染。

本病一年四季都可发生。畜舍拥挤、阴暗、潮湿、污秽不洁、过度使役和挤乳、营养不良等，均可促进本病的发生和传播。

2. 临床特征

临床通常呈慢性经过，表现为进行性消瘦，咳嗽和呼吸困难，体温一般正常。本病潜伏期一般为 3～6 周，有的可长达数月或数年。临床以肺结核、乳房结核和肠结核最为常见。

（1）肺结核。以长期顽固性干咳为特征，且以清晨最为明显。患畜容易疲劳，逐渐消瘦，病情严重者可见呼吸困难。

（2）乳房结核。一般先是乳房淋巴结肿大，继而后方乳腺区发生局限性或弥漫性硬结，硬结无热无痛，表面凹凸不平，泌乳量下降，乳汁变稀，严重时乳腺萎缩，泌乳停止。

（3）肠结核。消瘦，持续下痢与便秘交替出现，粪便常带血或脓汁。

（九）布鲁氏菌病

是由布鲁氏菌属细菌引起的人兽共患的常见传染病。我国将其列为二类动物疫病。

1. 流行特点

多种动物和人对布鲁氏菌易感。布鲁氏菌是一种细胞内寄生的病原菌，主要侵害动物的淋巴系统和生殖系统。病畜主要通过流产物、精液和乳汁排毒，污染环境。

羊、牛、猪的易感性最强。母畜比公畜、成年畜比幼年畜发病多。在母畜中，第一次妊娠母畜发病较多。带菌动物，尤其是病畜的流产胎儿、胎衣是主要传染源。消化道、呼吸道、生殖道是主要的感染途径，也可通过损伤的皮肤、黏膜等感染。常呈地方性流行。

人主要通过皮肤、黏膜、消化道和呼吸道感染，尤其以感染羊种布鲁氏菌、牛种布鲁氏菌最为严重。猪种布鲁氏菌感染人较少见，犬布鲁氏菌感染人罕见，绵羊附睾种布鲁氏菌、沙林鼠种布鲁氏菌基本不感染人。

2. 临床症状

潜伏期一般为 14～180 天。最显著病状是怀孕母畜发生流产，流产后可能发生胎衣滞留和子宫内膜炎。从阴道流出污秽不洁、恶臭的分泌物。新发病的畜群流产较多；老疫区畜群发生流产的较少，但发生子宫内膜炎、乳房炎、关节炎、胎衣滞留、久配不孕的较多。公畜往往发生睾丸炎、附睾炎或关节炎。

（十）炭疽

炭疽是由炭疽牙孢杆菌引起人畜共患的一种急性、热性、败血性传染病。世界动物卫生组织（OIE）将其列为必须报告的动物疫病，我国将其列为二类动物疫病。

1. 流行特点

本病为人畜共患传染病，各种家畜、野生动物及人对本病都有不同程序的易感性。草食动物最易感，其次是杂食动物，最后是肉食动物，家禽一般不感染，人也易感。

患病动物和因炭疽而死亡的动物尸体以及污染的土壤、草地、水、饲料都是本病的主要传染源。炭疽牙胞对环境具有很强的抵抗力，其污染的土壤、水源及场地可形成持久的疫源地。本病主要经消化道、呼吸道和皮肤感染。

本病呈地方性流行，有一定的季节性，多发生在吸血昆虫多、雨水多、洪水泛滥的季节。

2. 临床症状

本病的潜伏期为 20 天。主要呈急性经过，多以突然死亡、天然孔出血、尸僵不全为特征。

（1）牛。体温升高常达 41℃以上，可视黏膜呈暗紫色，心动过速，呼吸困难。呈慢性经过的病牛在颈、胸前、肩胛、腹下或外阴部常见水肿；皮肤病灶温度增高，坚硬、有压痛，也可发生坏死，有时形成溃疡；颈部水肿常与咽炎和喉头水肿相伴发

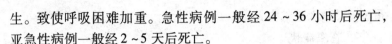

生。致使呼吸困难加重。急性病例一般经 24~36 小时后死亡，亚急性病例一般经 2~5 天后死亡。

（2）马。体温升高，腹下、乳房、肩及咽喉部常见水肿。舌炭疽多见呼吸困难、发绀；肠炭疽腹痛明显。急性病例一般经 24~36 小时后死亡，有炭疽痈时，病程可达 3~8 天。

（3）羊。多表现为最急性（猝死）病症，摇摆、磨牙、抽搐、挣扎、突然倒毙，有的可见从天然孔流出带气泡的黑红色血液。病程稍长者也只持续数小时后死亡。

（4）猪。多为局限性变化，呈慢性经过，临床症状不明显，常在宰后见病变。

犬和其他肉食动物临床症状不明显。

（十一）马传染性贫血

马传染性贫血简称马传贫，是由反转录病毒科慢病毒属马传贫病毒引起的马属动物传染病，临床症状以发热、贫血、黄疸、出血、心脏机能紊乱、消瘦和浮肿为特征。我国将其列为二类动物疫病。

1. 流行特点

本病只感染马属动物，其中，马最易感，骡、驴次之，且无品种、性别、年龄的差异。病马和带毒马是主要的传染源。主要通过虻、蚊、刺蝇及蠓等吸血昆虫的叮咬而传染，也可通过病毒污染的器械等传播。多呈地方性流行或散发，以 7~9 月份发生较多，在流行初期多呈急性型经过，致死率较高，以后呈亚急性或慢性经过。

2. 临床特征

本病潜伏期长短不一，一般为 20~40 天，最长可达 90 天。根据临床特征，常分为急性、亚急性、慢性和隐性四种类型。

（1）急性型。高热稽留。发热初期，可视黏膜潮红，轻度黄染；随病程发展，逐渐变为黄白至苍白；在舌底、口腔、鼻腔、阴道黏膜及眼结膜等处，常见鲜红色至暗红色出血点（斑）等。

（2）亚急性型。呈间歇热。一般发热39℃以上，持续3～5天退热至常温，经3～15天间歇期又复发。有的患病马属动物出现温差倒转现象。

（3）慢性型。不规则发热，但发热时间短，病程可达数月或数年。

（4）隐性型。无可见临床症状，体内长期带毒。

（十二）马鼻疽

马鼻疽是由假单胞菌科假单胞菌属的鼻疽假单胞菌感染引起的一种人畜共患传染病，特征是在鼻腔和皮肤形成特异性鼻疽结节、溃疡和瘢痕，在肺脏、淋巴结和其他实质器官内发生鼻疽性结节，我国将其列为二类动物疫病。

1. 流行特点

以马属动物最易感，人和其他动物如骆驼、犬、猫等也可感染。鼻疽病马以及患鼻疽的动物均为本病的传染源。自然感染主要通过与病畜接触，经消化道或损伤的皮肤、黏膜及呼吸道传染。本病无季节性，多呈散发或地方性流行。在初发地区，多呈急性、暴发性流行；在常发地区多呈慢性经过。

2. 临床特征

本病的潜伏期6个月，临床上常分为急性型和慢性型。

（1）急性型。病初表现体温升高，呈不规则热（39～41℃）和颌下淋巴结肿大等变化。肺鼻疽主要表现为干咳，肺部可出现半浊音、浊音和不同程度的呼吸困难等症状；鼻腔鼻疽可见一侧或两侧鼻孔流出浆液，黏液性脓性鼻汁，鼻腔黏膜上有小米粒至高粱米粒大的灰白色圆形结节突出黏膜表面，周围绕以红晕，结节坏死后形成溃疡，边缘不整，隆起如堤状，底面凹陷呈灰白色或黄色；皮肤鼻疽常于四肢、胸侧和腹下等处发生局限性形成边缘不整、喷火口状的溃疡，底部呈油脂样，难以愈合。结节常沿淋巴管径路向附近组织蔓延，形成念珠状的索肿，后肢皮肤发生鼻疽时可见明显肿胀变粗。

（2）慢性型。临床症状不明显，有的可见一侧或两侧鼻孔流出灰黄色脓性鼻汁，在鼻腔黏膜常见有糜烂性溃疡，有的在鼻中隔形成放射状瘢痕。

（十三）绵羊痘与山羊痘

绵羊痘与山羊痘分别是由痘病毒科羊痘病毒属的绵羊痘病毒，山羊痘病毒引起的绵羊和山羊的急性、热性、接触性传染病，以在皮肤和黏膜上发生特异性的痘疹为特征。世界动物卫生组织（OIE）将其列为必须报告的动物疫病，我国将其列为一类动物疫病。

1. 流行特点

绵羊是主要的传染源，主要通过呼吸道感染，也可通过损伤的皮肤或黏膜侵入机体。饲养和管理人员，以及被污染的饲料、垫草、用具、皮毛产品和体外寄生虫等均可成为传播媒介。

在自然条件下，绵羊痘病毒只能使绵羊发病，山羊痘病毒只能使山羊发病。本病传播快、发病率高，不同品种、性别和年龄的羊均可感染，羔羊较成年羊易感，细毛羊较其他品种的羊易感染，粗毛羊和土种羊有一定的抵抗力，本病一年四季均可发生，我国多发于冬春季节。

该病一旦传播到无病地区，易造成流行。

2. 临床症状

本病的潜伏期一般为21天

（1）典型病例。病羊体温升至40℃以上，2～5天后在皮肤上可见明显的局灶性充血斑点，随后在腹股沟、腹下和会阴等部位，甚至全身，出现红斑、丘疹、结节、水泡，严重可形成脓包。欧洲某些品种的绵羊在皮肤出现病变前可发生急性死亡，某些品种的山羊可见大面积出血性痘疹和大面积丘疹，可引起死亡。

（2）非典型病例。一过型羊痘仅表现轻微症状，不出现或仅出现少量痘疹，呈良性经过。

（十四）日本血吸虫病

日本血吸虫病是由日本血吸虫引起的一种人畜共患的寄生虫病，家畜以牛、羊感染为主，其次，猪、犬、马、骡、驴也可感染。我国将其列为二类动物疫病，主要在淮河以南地区流行。

1. 流行特点

带虫的哺乳动物和人都是本病的传染源。易感染动物除牛、羊、猪、犬、马以外，还有驴、骡、猪、家兔、沟鼠、獐、狐、大鼠、小鼠等。

钉螺是该病的中间宿主，分布在淮河以南地区。无钉螺的地方均不流行本病。由于钉螺活动和尾蚴逸出蚴体都受温度影响，因此，本病感染又有明显的季节性，一般5~10月为感染期，冬季通常不发生自然感染。

动物的感染与年龄、性别无关，只要接触含尾蚴的水，同样都能感染。但黄牛、犬等动物感染尾蚴后，虫体发育率高，粪便中排卵时间长，而在水牛和马中虫体发育率低，粪便中排卵时间短，虫体在水牛体内存活寿命较短，一般2~3天，但在黄牛体内寿命可达10多年，孕母畜可通过胎盘感染胎儿。

2. 临床表现

牛感染日本血吸虫后，可呈现急性型和慢性型。

（1）急性型。体温升到40℃以上，呈不规则的间歇热。食欲减退，精神迟钝。急性感染20天后发生腹泻、转下痢，粪便夹杂有血液和黏稠团块，贫血、消瘦、无力，严重可引起死亡。

（2）慢性型。吃草不正常，时好时差，精神较差，有的病牛腹泻、粪便带血，日渐消瘦，贫血，母牛不孕或流产，犊牛发育缓慢。

还有些症状不明显，而成为带虫牛。

绵羊、山羊、猪和马症状较轻，多为慢性或带虫畜。

第五节　样品采集技术

一、采样原则

样品采集是进行动物疫病监测、诊断的一项重要基础工作。熟练掌握样品采集操作方法对于快速、及时诊断和处理动物疫病具有重要意义。

二、采样前的准备工作

（一）器具的准备

1. 器具

保温箱或保温瓶，酒精棉，碘酒棉，注射器及针头。

2. 容器及辅助器材

小青瓶、平皿、离心管、自封袋及胶布、封口膜、封条、冰袋等。

（二）器具的消毒

1. 器皿

用水洗净后，放于水中煮沸 10～15 分钟，晾干备用。

2. 注射器和针头

放于水中煮沸 30 分钟。一般要求使用"一次性"针头和注射器。

（三）防护用品

口罩、乳胶手套、防护服、防护帽、护目镜、胶靴等。

三、样品采集

（一）血样的采集

1. 耳静脉采血

（1）适用对象。猪、兔等，适于用血量比较少的检验项目。

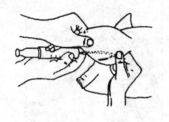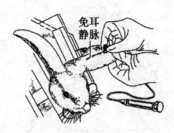

兔耳
静脉

图 3 - 16　猪耳静脉采血示意图　　图 3 - 17　兔耳静脉采血示意图

（2）操作步骤。将猪、兔站立或横卧保定，或用保定器具保定。耳静脉局部按常规消毒处理。一人用手指捏压耳根部静脉血管处，使静脉充盈、怒张（或用酒精棉反复局部涂擦以引起其充血）。术者用左手把持耳朵，将其托平并使采血部位稍高。右手持连接针头的采血器，沿静脉管使针头与皮肤成 30° ~ 45°角，刺入皮肤及血管内，轻轻回抽针芯，如有回血即证明已刺入血管，再将针管放平并沿血管稍向前伸入，抽取血液（图 3 - 16、图 3 - 17）。

2. 颈静脉采血

（1）适用对象。马、牛、羊等大家畜。

（2）操作步骤。保定好动物，使其头部稍前伸并稍偏向对侧。对颈静脉局部进行剪毛、消毒。看清颈静脉后，采血者用左手拇指（或食指与中指）在采血部位稍下方（近心端）压迫静脉血管，使之充盈、怒张。右手持采血针头，沿颈静脉沟与皮肤成45°角，迅速刺入皮肤及血管内，如见回血，即证明已刺入；使针头后端靠近皮肤，以减小其间的角度，近似平行地将针头再伸入血管内 1~2cm。放开压迫脉管的左手，收集血液。采完后，以干棉球压迫局部并拔出针头，再以5%碘酊进行局部消毒（图3-18）。

图3-18　马属动物颈静脉采血示意图

（3）注意事项。

①采血完毕，做好止血工作，即用酒精棉球压迫采血部位止血，防止血流过多。酒精棉球压迫前要挤净酒精，防止酒精刺激引起流血过多。

②牛、水牛的皮肤较厚，颈静脉采血刺入时应用力并瞬时刺入，见有血液流出后，将针头送入采血管中，即可流出血液。

3. 前腔静脉采血

（1）适用对象。多用于猪，适用于大量采血。

（2）操作步骤。仰卧保定，把前肢向后方拉直。选取胸骨端与耳基部的连线上胸骨端旁开2cm的凹陷处，消毒。用装有20号针头的注射器刺入消毒部位，针刺方向为向后内方与地面成60°角刺入 2~3cm，当进入约2cm时可一边刺入一边回抽针管内芯；刺入血管时即可见血进入管内，采血完毕，局部消毒。

4. 心脏采血

（1）适用对象。家兔、禽类等个体比较小的动物。

（2）兔心脏采血操作步骤。

①确定心脏的生理部位。家兔的心脏部位约在胸前由下向上数第三与第四肋骨间。

②选择用手触摸心脏搏动最强的部位（图示剑状软骨左侧），去毛消毒。

③将稍微后拉栓塞的注射器针头由剑状软骨左侧成30°~45°角刺入心脏，当家兔略有颤动时，表明针头已穿入心脏，然后轻轻地抽取，如有回血，表明已插入心腔内，即可抽血；如无回血，可将针头退回一些，重新插入心腔内，若有回血，则顺心脏压力缓慢抽取所需血量（图3-19）。

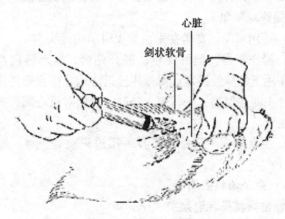

心脏

剑状软骨

图3-19 兔心脏采血

（3）禽类心脏采血操作步骤。

①雏鸡心脏采血。左手抓鸡，右手手持采血针，平行颈椎从胸腔前口插入，回抽见有回血时，即把针芯向外拉使血液流入采血针。

②成年禽类心脏采血。成年禽类采血可取侧卧或仰卧保定。

侧卧保定采血。助手抓住禽两翅及两腿，右侧卧保定，在触及心搏动明显处，或胸骨脊前端至背部下凹处连线的1/2处消毒，垂直或稍向前方刺入 2~3cm，回抽见有回血时，即把针芯向外拉使血液流入采血针。

仰卧保定采血。胸骨朝上，用手指压离嗉囊，露出胸前口，用装有长针头的注射器，将针头沿其锁骨俯角刺入，顺着体中线方向水平穿行，直到刺入心脏。

（4）注意事项。

①确定心脏部位，切忌将针头刺入肺脏。

②顺着心脏的跳动频率抽取血液，切忌抽血过快。

5. 翅静脉采血

（1）适用对象。禽类在采血量少时采用此法。

（2）操作步骤。侧卧保定，展开翅膀，露出腋窝部，拔掉羽毛，在翅下静脉处消毒。拇指压迫近心端，待血管怒张后，用装有细针头的注射器，平行刺入静脉，放松对近心端的按压，缓慢抽取血液。

（3）注意事项。采血完毕及时压迫采血处止血，避免形成淤血块。

（二）分泌物的采集

1. 家禽喉拭子和泄殖腔拭子采集

（1）器材准备。无菌棉签，1.5mL 离心管等。

（2）采样。取无菌棉签，插入鸡喉头内或泄殖腔转动 3 圈，取出，插入上述离心管内，剪去露出部分，盖紧瓶盖，做好标记。

（3）样品保存。24 小时内能及时检测的样品可冷藏保存，不能及时检测的样品应 –20℃保存。

2. 猪鼻腔拭子、咽拭子采集

（1）器材准备。灭菌 1.5mL 离心管、记号笔、灭菌剪刀、灭菌棉拭子、保存液等。

（2）采样。

①每个灭菌离心管中加入 1mL 样品保存液。

②用灭菌的棉拭子在鼻腔或咽喉转动至少 3 圈，采集鼻腔、咽喉的分泌物。

③蘸取分泌物后，立即将拭子浸入保存液中，剪去露出部分，盖紧离心管盖，做好标记，密封低温保存。

3. 肛拭子采集

采集方法同鼻腔拭子、咽拭子采集方法。

4. 粪便样品的采集

（1）用于病毒检验的粪便样品采集。

①器材准备。灭菌棉拭子、灭菌试管、pH 值 7.4 的磷酸缓冲液、记号笔、乳胶手套、压舌板等。

②采样方法。少量采集时，以灭菌的棉拭子从直肠深处或泄殖腔黏膜上蘸取粪便，并立即投入灭菌的试管内密封，或在试管内加入少量磷酸缓冲液后密封。采集较多量的粪便时，可将动物肛门周围消毒后，用器械或用戴上胶手套的手伸入直肠内取粪便，也可用压舌板插入直肠，轻轻用力下压，刺激排粪，收集粪便。所收集的粪便装入灭菌的容器内，经密封并贴上标签。样品采集后立即冷藏或冷冻保存。

（2）用于细菌检验的粪便样品采集。采样方法与供病毒检验的方法相同。但采集的样品最好是在动物使用抗菌药物之前的，从直肠或泄殖腔内采集新鲜粪便。粪便样品较少时，可投入生理盐水中；较多量的粪便则可装入灭菌容器内，贴上标签后冷藏保存。

（3）用于寄生虫检验的粪便样品采集。采样方法与供病毒检验的方法相同。应选新鲜的粪便或直接从直肠内采得，以保持虫体或虫体节片及虫卵的固有形态。一般寄生虫检验所用粪便量较多，需采取适量新鲜粪便，并应从粪便的内外各层采取。

粪便样品以冷藏不冻结状态保存。

5. 脓汁样品的采集

（1）器材准备。灭菌棉拭子、灭菌注射器、记号笔、灭菌离心管、灭菌剪刀等。

（2）样品要求。做病原菌检验的，应在未用药物治疗前采集。采集已破口脓灶脓汁，宜用灭菌棉拭子蘸取，置入灭菌离心管中，剪去露出部分，盖紧离心管盖，做好标记。密封低温保存。未破口脓灶，用灭菌注射器抽取脓汁，密封低温保存。

6. 乳汁样品的采集

乳房先用消毒药水洗净（取乳者的手亦应事先消毒），并把乳房附近的毛刷湿，最初所挤的 3~4 把乳汁弃去，然后再采集 10mL 左右乳汁于灭菌试管中。

四、样品的保存、记录与运送

（一）样品的保存

样品正确的保存方法，是样品保持新鲜或接近新鲜状态的根本保证，是保证监测结果准确无误的重要条件。

1. 血清学检验材料的保存

一般情况下，样品采样后应尽快送检，如远距离送检，可在血清中加入青霉素、链霉素以防腐败。除了做细胞培养和试验用的血清外，其他血清还可加 0.08% 叠氮钠、0.5% 石炭酸生理盐水等防腐剂。另外，还应避免使样品接触高温和阳光，同时严防容器破损。

2. 微生物检验材料的保存

（1）液体样品。黏液、渗出物、胆汁、血液等，最好收集在灭菌的小试管或青霉素瓶中，密封后用纸或棉花包裹，装入较大的容器中，再装瓶（或盒）送检。

（2）做棉试蘸取的鼻液、浓汁、粪便等样品。应将每支棉试剪断或烧断，投入灭菌试管内，立即密封管口，包装送检。

（3）实质脏器。在短时间内（夏季不超过 20 小时，冬季不超过 2 天）能送到检验单位的，可将样品的容器放在装有冰决的保温瓶内送检。短时间不能送到的，供细菌检查的，放于灭菌流动石蜡或灭菌的 30% 甘油生理盐水中保存；供病毒检查的，放于灭菌的 50% 甘油生理盐水中保存。

3. 病理组织检验材料的保存

采取的样品通过使用 10% 福尔马林固定保存。冬季为防止冰冻可用 90% 酒精，固定液用量要以浸没固定材料为适宜。如用 10% 福尔马林溶液固定组织时，经 24 小时应重新换液一次。神经系统组织（脑脊髓）需固定于 10% 中性福尔马林溶液中，其配制方法是福尔马林液的总容积中加 5% ~10% 碳酸镁。在寒冷季节，为了避免样品冻结，在运送前，可将预先用福尔马林固定过的样品置于含有 30% ~50% 甘油的 10% 福尔马林溶液中。

4. 毒物中毒检验材料的保存

检样采取后，内脏、肌肉、血液可合装一清洁容器内，胃内容物与呕吐物合装一容器内，粪、尿、水、饲料等应分别装瓶，瓶上要贴有标签，标明样品名称及保存方法等。然后严密包装，在短时间内应尽快送实验室检验或派专人送指定单位检验。

（二）样品记录

采样同时，填写采样单，包括场名、畜种、日龄、联系人、电话、规模、采样数量、样品名称、编号、免疫情况、临床表现等（结合疫情监测上报系统填写）。

采样单应用钢笔或签字笔逐项填写（一式三份），样品标签和封条应用签字笔填写；保温容器外封条应用钢笔或签字笔填写；小塑料离心管上可用记号笔做标记，应将采样单和病史资料装在塑料包装代中，并随样品送实验室，样品信息至少应包括以下内容。

①畜主姓名和场址。

②饲养动物品种及数量。

③被感染动物或易感动物种类及数量。

④首发病例和继发病例的日期。

⑤感染动物在畜禽群中的分布情况。

⑥死亡动物数、出现临床症状的动物数量及年龄。

⑦临床症状及其持续时间，包括口腔、眼睛和腿部情况，产奶或产蛋记录，死亡情况和时间，免疫和用药情况等。

⑧饲养类型和标准，包括饲料种类。

⑨送检样品清单和说明，包括病料种类、保存方法。

⑩动物治疗史。

⑪要求做何种试验或监测。

⑫送检者的姓名、地址、邮编和电话。

⑬送检日期。

⑭采样人和被采样单位签章。

（三）样品的运送

1. 所采集的样品以最快、最直接的途径送往实验室

如果样品能在采集后24小时内送抵实验室，则可放在4℃左右的容器中运送。只有在24小时内不能将样品送往实验室并不致影响检验结果的情况下，才可把样品冷冻，并以此状态运送。根据试验需要决定送往实验室的样品是否放在保存液中运送。

2. 要避免样品泄露

装在试管或广口瓶中的样品密封后装在冰瓶中运送，防止试管和容器倾倒。如需寄送，则用带螺口的瓶子装样品，并用胶带或石蜡封口。将装样品并有识别标志的瓶子放到更大的具有坚实外壳的容器内，并垫上足够的缓冲材料，空运时，将其放到飞机的加压舱内。

3. 制成的涂片、触片、玻片上注明号码，并另附说明

玻璃片两端用细木条分隔开，层层叠加，底屋和最上一片，涂面向内，用细线包扎，再用纸包好，在保证不被压碎的条件下运送。

4. 所有样品都要贴上详细标签

各种样品送实验室后，应按有关规定冷藏或冷冻保存。须长期保存的样品应置超低温冷冻（以 – 70℃或以下为宜）保存，避免反复冻融。

五、注意事项

（一）用作细菌检查的样品内不要混入消毒液，以免产生杀菌作用而影响结果

（二）咽、鼻、泄殖腔拭子采集样品时，要注意人员的安全，动物保定要牢靠

第六节　无害化处理技术

一、患病动物的处理

（一）隔离

1. 隔离的概念和意义

隔离是指将疫病感染动物、疑似感染动物和病源携带动物，

与健康动物在空间上隔开，并采取必要措施切断传染途径，以杜绝疫病的扩散。

隔离在扑灭动物疫病工作中是一项经常运用的强制性措施。隔离的意义在于便于管理消毒，中端流行过程，防止健康畜群继续受到传染，以便将疫情控制在最小范围内就地消灭。

2. 隔离的对象和方法

（1）患病动物：有典型症状或类似症状，或其他特殊检查阳性的动物。

在患病动物较多时，集中隔离在原来栏舍内；在患病动物较少时，将患病动物移出。

严密消毒，加强卫生和护理工作，专人管理并进行治疗，无治疗价值的进行淘汰，按规定进行无害化处理。

（2）可疑感染动物：未发现任何症状，但与患病动物及其污染的环境有过明显接触的动物。

根据该传染病的潜伏期长短决定隔离观察时间的长短，限制其活动，详细观察，必要时采取紧急预防接种或用药预防。

3. 隔离场所的选择

隔离场所应选择不易散布病原体，方便消毒，便于实施处理措施的地方，并严格进行消毒。

4. 隔离期间的管理

隔离期间严禁无关人员、动物出入隔离场所。疑似疫病动物应另选场所，严格消毒后进行隔离，并采取紧急预防措施。

易感动物应同患有疫病或疑似疫病的动物分开，并采取预防接种等措施。隔离场所的废弃物，应进行无害化处理，同时，密切注意观察和监测，加强保护措施。

（二）限制移动

限制移动是指将疫病感染动物、疑似感染动物和病源携带动物以及有关的运输工具、人员、物品等限定在规定区域内活动，

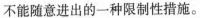

不能随意进出的一种限制性措施。

限制移动在扑灭动物疫病工作中是一项经常运用的强制性措施，是切断传播途径的一种技术手段。

二、病死动物的处理

病死动物含大量病原体，是引发动物疫病的重要传染源。对病死动物要及时进行无害化处理，有利于防止病原扩散，防止疫病的发生和流行。

（一）动物尸体的运送

1. 运送前的准备

（1）设置警戒线、防虫。动物尸体和其他须被无害化处理的物品应被警戒，以防止其他人员接近、防止家养动物、野生动物及鸟类接触和携带染疫物品。如果存在昆虫传播疫病给周围易感动物的危险，就应考虑实施昆虫控制措施。如果对染疫动物及产品的处理被延迟，应用有效消毒药品彻底消毒。

（2）工具准备。包括运送车辆、包装材料、消毒用品。

（3）人员准备。工作人员应穿戴防护服、口罩、护目镜、胶鞋及手套，做好个人防护。

2. 装运

（1）堵孔。装车前应将尸体各天然孔用蘸有消毒液的湿纱布、棉花严密填塞。

（2）包装。使用密闭、不泄漏、不透水的包装容器或包装材料包装动物尸体，小动物和禽类可用塑料袋装，运送的车厢和车底不透水，以免流出粪便、分泌物、血液等污染周围环境。

（3）注意事项。

①箱体内的物品不能装得太满，应留下半米或更多的空间，以防肉尸的膨胀（取决于运输距离和气温）。

②肉尸在装运前不能被切割，运载工具应缓慢行驶，以防止

溅溢。

③工作人员应携带有效消毒药品和必要消毒工具以及处理路途中可能发生的溅溢。

④所有运载工具在装前卸后必须彻底消毒。

3. 运送后消毒

在尸体停放过的地方，应用消毒液喷洒消毒。土壤地面，应铲去表层土，连同动物尸体一起运走。运送过动物尸体的用具、车辆应严格消毒。工作人员用过的手套、衣物及胶鞋等也应进行消毒。

（二）尸体无害化处理方法

1. 掩埋法

掩埋法是指按照相关规定，将动物尸体及相关动物产品投入化尸窖或掩埋坑中并覆盖、消毒，发酵或分解动物尸体及相关动物产品的方法。掩埋法分为直接掩埋法和化尸窖。

（1）直接掩埋法。

①选址要求。掩埋地应选择地势高燥，处于下风向的地点。要远离动物饲养厂（饲养小区）、动物屠宰加工场所、动物隔离场所、动物诊疗场所、动物和动物产品集贸市场、生活饮用水源地；远离城镇居民区、文化教育科研等人口集中区域、主要河流及公路、铁路等主要交通干线。

②技术工艺。掩埋坑体容积以实际处理动物尸体及相关动物产品数量确定。掩埋前应对需掩埋的病害动物尸体和病害动物产品实施焚烧处理；掩埋坑底要高出地下水位 1.5m 以上，要防渗、防漏。坑底洒一层厚度为 2cm 的生石灰或漂白粉等消毒药。将动物尸体及相关动物产品投入坑内，最上层距离地表 1.5m 以上。覆盖 20~30cm 的生石灰或漂白粉等消毒，然后覆盖厚度不少于 1~1.2m 的覆土。

③操作注意事项。掩埋覆土不要太实，以免腐败产气造成气

泡冒出和液体渗漏。掩埋后，在掩埋处设置警示标识。并立即用氯制剂、漂白粉或生石灰等消毒药对掩埋场所进行1次彻底消毒。掩埋后，第一周内应每日巡查1次，消毒1次。第二周起应每周巡查1次，消毒1次。连续消毒三周以上，巡查3个月，掩埋坑塌陷处应及时加盖覆土。

（2）化尸窖。

①选址要求。动物养殖场的化尸窖应结合地形特点，宜建在下风向。乡镇、村的化尸窖应选择地势较高，处于下风向的地点。要远离动物饲养厂（饲养小区）、动物屠宰加工场所、动物隔离场所、动物诊疗场所、动物和动物产品集贸市场、泄洪区、生活饮用水源地；应远离居民区、公共场所，以及主要河流、公路、铁路等主要交通干线。

②技术工艺。化尸窖应为砖和混凝土，或者钢筋和混凝土密封结构，应防渗防漏。在顶部设置投置口，并加盖密封加双锁；设置异味吸附、过滤等除味装置。投放前，应在化尸窖底部铺洒一定量的生石灰或消毒液。投放后，投置口密封加盖加锁，并对投置口、化尸窖及周边环境进行消毒。当化尸窖内动物尸体达到容积的3/4时，应停止投放并密封。

③注意事项。化尸窖周围要设置围栏、设立醒目警示标志以及专业管理人员姓名和联系电话公示牌，实行专人管理。要注意化尸窖维护，发现化尸窖破损、渗漏应及时处理。当封闭化尸窖内的动物尸体完全分解后，应当对残留物进行清理，清理出的残留物进行焚烧或者掩埋处理，化尸窖池进行彻底消毒后，方可重新启用。

2. 焚烧法

是指在焚烧容器内，使动物尸体及相关动物产品在富氧或无氧条件下进行氧化反应或热解反应的方法。焚烧法分为直接焚烧法和炭化焚烧法。

（1）直接焚烧法的技术工艺及注意事项。

①技术工艺。可视情况对动物尸体及相关动物产品进行破碎预处理。将动物尸体及相关动物产品或破碎产物，投至焚烧炉燃烧室，经充分氧化、热解，产生的高温烟气进入二燃室继续燃烧，产生的炉渣经出渣机排出。

②注意事项。要严格控制焚烧进料频率和重量，使物料能够充分与空气接触，保证完全燃烧。燃烧室内应保持负压状态，避免焚烧过程中发生烟气泄漏。燃烧所产生的烟气从最后的助燃空气喷射口或燃烧器出口到换热面或烟道冷风引射口之间的停留时间少2秒。二燃室顶部设紧急排放烟囱，应急时开启。并配备充分的烟气净化系统，包括喷淋塔、活性炭喷射吸附、除尘器、冷却塔、引风机和烟囱等。

（2）炭化焚烧法的技术工艺及注意事项。

①技术工艺。将动物尸体及相关动物产品投至热解炭化室，在无氧情况下经充分热解，产生的热解烟气进入燃烧（二燃）室继续燃烧，产生的固体炭化物残渣经热解炭化室排出。烟气经过热解炭化室热能回收后，降至600℃左右进入排烟管道，经过湿式冷却塔进行"急冷"和"脱酸"后进入活性炭吸附和除尘器，最后达标后排放。

②注意事项。要检查热解炭化系统的炉门密封性，以保证热解炭化室的隔氧状态。定期检查和清理热解气输出管道，以免发生阻塞。热解炭化室顶部需设置与大气相连的防爆口，热解炭化室内压力过大时可自动开启泄压。同时根据处理物种类、体积等严格控制热解的温度、升温速度及物料在热解炭化室里的停留时间。

3. 发酵法

是指将动物尸体及相关动物产品与稻糠、木屑等辅料按要求摆放，利用动物尸体及相关动物产品产生的生物热或加入特定生物制剂，发酵或分解动物尸体及相关动物产品的方法。

（1）发酵法技术工艺。发酵堆体结构形式主要分为条垛式和发酵池式。处理前，在指定场地或发酵池底铺设20cm厚辅料（辅料为稻糠、木屑、秸秆、玉米芯等混合物，或为在稻糠、木屑等混合物中加入特定生物制剂预发酵后产物）。辅料上平铺动物尸体或相关动物产品，厚度不能超过20cm。覆盖20cm辅料，确保动物尸体或相关动物产品全部被覆盖。堆体厚度随需处理动物尸体和相关动物产品数量而定，一般控制在2~3m。堆肥发酵堆内部温度≥54℃，一周后翻堆，3周后完成。

（2）操作注意事项。因重大动物疫病及人畜共患病死亡的动物尸体和相关动物产品不得使用此种方式进行处理。发酵过程中，要做好防雨措施。条垛式堆肥发酵应选择平整、防渗地面。要使用合理的废气处理系统，有效吸收处理过程中动物尸体和相关动物产品腐败产生的恶臭气体，使废气排放符合国家相关标准。

三、病死动物无害化处理相关政策和规划

病死动物是动物疫病发生的重要传染源。病死动物无害化处理是否到位，事关公共卫生安全，事关人民群众身体健康，事关畜产品质量安全，事关畜牧业经济稳定持续发展。近年来，随着动物疫病种类的不断增加，防控难度进一步加大，畜禽病死现象经常发生，如未经无害化处理或任意处置，不仅会造成严重的环境污染，而且还可能引起重大动物疫情，危害畜牧业生产安全，甚至引发严重的公共卫生事件。

为有效防控重大动物疫病，促进畜牧业持续健康发展，国家高度重视病死动物无害化处理工作，近几年来，以生猪为试点，先后出台了屠宰、养殖环节病死猪无害化处理财政补贴政策。为保障猪肉质量安全，有效保护消费者利益，国家财政部制定了

《屠宰环节病害猪无害化处理财政补贴资金管理暂行办法》，规定了无害化处理费用补贴的对象为进行无害化处理的生猪定点屠宰企业，财政补贴标准为800元/头。2011年，农业部办公厅、财政部办公厅下发了《关于做好生猪规模化养殖场无害化处理补助相关工作的通知》（农办财〔2011〕163号）和《关于做好2012年生猪规模化养殖场无害化处理经费补助相关工作的通知》（农办财〔2012〕11号），明确规定年出栏50头以上对病死猪进行了无害处理的生猪规模化养殖场（小区），每头给予80元补助，由中央和地方财政按照生猪重大疫病强制扑杀补助现行比例分担，即中央财政每头补助50元，省、市、县财政每头各补助10元，其中，财政直管县的市级负担部分由省级承担。病死猪无害处理财政补贴政策的实施，有力推动了病死猪无害化处理工作。

为尽快建立病死动物无害化处理长效机制，2013年9月，农业部制定了《建立病死猪无害化处理长效机制试点方案》，将病死动物无害化处理工作作为公益性事业列入政府公共服务的重要组成部分，按照"政府主导、市场运作，统筹规划、因地制宜，财政补助、保险联动"的原则，通过在部分大中城市、养殖密集区、无规定动物疫病区以及重点水域周边开展病死猪无害化处理长效机制试点，探索有效的无害化处理机制，逐步推广，尽快在全国建立完善的病死猪无害化处理长效机制，防止随意丢弃病死猪污染环境，防止病死猪流向餐桌引起食品安全事件发生，防止病死猪传播动物疫病，保障动物源性食品安全和畜牧业健康发展。

第七节　生物安全防护技术

基层畜牧兽医工作人员经常与猪、牛、羊、禽等各类畜禽接触；从事的工作是畜禽疫病的预防诊断治疗、重大动物疫病监测、疫情处置、畜禽及其产品检疫；与各类微生物特别是病原微生物零距离接触更是经常的事情，工作的特殊性使他们成为易感染的高危人群。生物安全防护措施不当，不但严重威胁、危害他们的生命健康安全，而且会成为各类微生物的传播途径，或者由污染变成为新的传染源，甚至成为一些细菌、病毒基因复制和重组的载体，从而产生新的生物种类，如甲型 H1N1 流感病毒。因此，抓好基层防疫人员的生物安全防护具有十分重大的现实意义和作用。

一、生物安全的概念

一般指由现代生物技术开发和应用造成的对生态环境和人体、动物健康产生的潜在威胁，及其对所采取的一系列有效预防和控制措施。

二、防疫基础工作中的生物安全隐患和防护措施

（一）免疫注射工作

1. 安全隐患

操作人员不慎将疫苗注入自身或他人体内，或在免疫接种后出现发热、关节痛等症状。

2. 防护措施

操作人员在免疫时，应戴上可起到有效防护作用的医用口罩，手套、雨靴、防护服和医用护目镜等。禁止吸烟和饮食。免疫、检疫工作中，必须穿工作服和胶靴、戴手套、口罩、防护帽；工作结束或离开现场时，在场地出口处脱掉防护装备，用肥皂洗手，清水彻底冲洗，有条件的应洗浴；工作服须用 70℃ 以上热水浸泡 10 分钟或用消毒剂浸泡，然后再用肥皂洗涤，于太阳下晾晒；胶靴等要清洗消毒，其他一次性用品也应经高压或消

毒液浸泡后方可废弃。

（二）疫病核查、样品采集等工作中的安全隐患

1. 安全隐患

（1）活体采样时动物的自身活动可能产生新的危害，如抓、咬工作人员。

（2）操作不小心或正在使用的器材设备等引起的，如刀片割破、针头刺伤等。

（3）动物中可能有隐性感染病，可污染环境，工作人员和其他有关人员不知不觉地吸入动物散发的气溶胶，有可能造成严重后果。

（4）病死动物所带病原的复杂性、未知性，解剖采样过程可能对工作人员构成威胁，对环境造成污染（污水、血液）及对周围动物构成威胁。

2. 防护措施

（1）重大动物疫病未经允许禁止采样，怀疑炭疽时首先采耳尖血涂片检查，确诊后禁止再采样。

（2）采样人员必须是兽医技术人员。要具备动物传染病感染、传播流行与预防的相关知识，熟练掌握各种动物的保定技术、各种采样技术。

（3）对采样协助人员进行培训。所有人员都必须了解采样的动物可能带有疫病与人畜共患病，以及可能的感染与传播方式。工作过程中出现的异常情况处理，以及个人卫生和其他方面知识。

三、参加疫情扑灭工作应采取的安全防护措施

（一）做好生物安全准备工作

微生物的传播途径方式一般有消化道传播，如大肠杆菌、巴氏杆菌、炭疽等；经呼吸道传播，如禽流感、炭疽、结核病等；

经皮肤接触传播，如狂犬病、炭疽、布病等。村级防疫员在免疫、疫情核查和样品采集工作中，要根据不同的传播途径和方式做好生物安全准备工作。

（二）进入工作区域的防护

在进入感染或可能感染场所和无害化处理地点时，应穿防护服和胶靴、戴 N95 口罩或标准手术口罩、可消毒的橡胶手套；工作完毕后，在场地出口处脱掉防护装备，并将脱下的防护装备置于容器内进行消毒处理，对换衣区域进行消毒，人员用消毒水洗手、洗浴；从事解剖、病料采集、样品检测时应穿工作服、戴口罩、手套、防护帽；工作结束后应对场地及其设施进行彻底消毒，工作服须用 70℃以上热水浸泡 10 分钟或用消毒剂浸泡，然后再用肥皂洗涤，于太阳下晾晒；一次性物品必须做无害化处理；人员要用消毒水洗手，清水冲洗，有条件的要洗浴。

（三）出现意外情况要做好紧急处理

如遭犬类等动物咬伤后，及时用肥皂水冲洗，并立即到医院就诊，接种狂犬病疫苗；高深度小创口也要及时到医院处理，并接种破伤风杆菌疫苗；处理炭疽病时要及时向医院咨询做好预防和治疗。

四、养成良好的生活卫生习惯

（一）加强锻炼，增强抵抗力

（二）身患疾病或身体抵抗力较差时不宜从事有生物安全隐患的工作

（三）平时做好常规疫苗的免疫。如流感疫苗、狂犬病疫苗等

（四）定期体检，检查自己是否患有传染病

（五）要随时检查自己的防护用品是否适应生物安全防护的要求，及时补充和更新

（六）身患疾病或身体抵抗力较差时不宜从事有生物安全隐患的工作

（七）平时做好常规疫苗的免疫。如流感疫苗、狂犬病疫苗等

（八）定期体检，检查自己是否患有传染病

（九）要随时检查自己的防护用品是否适应生物安全防护的要求，及时补充和更新

第四章　动物检疫知识和技术

第一节　动物检疫基本知识

动物检疫作为预防、控制、扑灭动物疫病的重要手段也是动物防疫的重要内容之一。检疫一词，起源于14世纪的欧洲。是指为了防止人类疾病的流行与传播所采取的检查防范措施。这种措施当时对防止人类传染病的传播曾起了巨大作用。后来扩展到动物及动物产品，就产生了动物检疫。

一、动物检疫的概念和意义

（一）动物检疫的概念

所谓动物检疫，是指为了防止动物疫病的传播、扩散和流行，保护养殖业生产和人体健康，采取法定的检疫程序和方法，依照法定的检疫对象和检疫标准，对动物、动物产品进行疫病检查、定性和处理的一项带有强制性的技术行政措施。

（二）动物检疫的意义

动物检疫是兽医防疫工作的一个重要组成部分，是预防疫病发生的一个重要环节。它对推动畜牧业的发展起着关键的作用。目前，全球动物疫情正处于活跃期，随着国际间贸易和人员往来规模的不断扩大，动物疫病传播的风险也随之大增。同时，病原体在人与动物之间循环、相互传播，使得动物疫病和公共卫生问题日益突出。养殖模式、生态环境变化以及病原体在多宿主间传递均影响动物疫病的流行，并呈现新的发病流行特点。我国是一个养殖业大国，也是一个动物及动物产品进出口大国和消费大国，同时也是一个疫情疫病高发、频发的国家。因此，动物检疫工作是攸关我国的食品安全、生态环境保护、进出口贸易安全、社会稳定等全局性、综合性的重要工作，责任重大，使命艰巨。

二、动物检疫的特点

动物检疫不同于一般的动物疫病诊断和检查，它是政府行为。在各方面都有严格要求，有其固有特点。

（一）强制性

强制性是指动物检疫是政府行为，受法律保护，由国家行政力量支持，以国家强制力为后盾的特性。动物检疫不是一项可做可不做的工作，而是一项非做不可的工作。凡拒绝、阻挠、逃避、抗拒动物检疫的，都属违法行为，都将受到法律制裁。触犯刑律的，依法追究刑事责任。

（二）法定的机构和人员

《中华人民共和国动物防疫法》规定，县级以上人民政府兽医主管管理部门主管本行政区域内的动物防疫工作。县级以上地方人民政府设立的动物卫生监督机构是动物、动物产品检疫与实施监督管理执法工作的主体。

动物卫生监督机构的官方兽医具体实施动物、动物产品检疫。官方兽医应当具备规定的资格条件，取得国务院兽医主管部门颁发的资格证书。

（三）法定的检疫对象

所谓检疫对象是指国家法律法规或兽医主管部门规定的必须检疫的动物疫病（传染病和寄生虫病）。检疫工作的直接目的是通过动物检疫，发现、处理带有检疫对象的动物及动物产品。但是，由于目前发现的动物疫病已达数百种之多，如果对每种动物的各类疫病从头到尾进行彻底检查，需要花费大量的财力、物力和时间，这在实际工作中既不现实也不必要。因此，由国家或地方根据各种疫病危害的大小、流行情况、分布区域，以及被检动物及其产品的用途，以法律形式，将某些重要动物疫病规定为必检对象，均为法定对象。中华人民共和国农业部公告（第1125号）《一、二、三类动物疫病病种名录》和《中华人民共和国进境动物一、二类传染病、寄生虫病名录》分别对国内动物检疫对象及进境动物检疫对象做了规定。

（四）法定的处理方法

对动物、动物产品实施检疫后，官方兽医应根据检疫的结果，依法做出相应的处理决定。其处理方式必须依法进行，不得任意设定。

三、动物检疫的作用

（一）监督作用

通过索证、验证等环节，发现和纠正违反动物卫生行政法规的行为，是畜禽饲养者自觉对畜禽依法进行预防接种，使畜禽产品的经营者主动接受检疫，以达到以检促防、守法经营的目的。

（二）防止患病动物和染疫产品进入流通环节

通过检疫可以及时发现疫情，及时采取措施，扑灭疫源，防止疫病的传播和蔓延，已达到保护畜牧业生产的目的。

（三）消灭某些动物疫病的有效手段

目前，仍有多种疫病无疫苗可供接种，也极难治愈。例如，绵羊痒病、结核病、鼻疽等。通过对动物检疫、扑杀病畜、无害化处理染疫产品等，可逐步净化和消灭这类病。

（四）促进对外贸发展

通过对进出口动物及其产品的检疫，可保证质量，维护我国贸易信誉。

（五）保护人体健康

在动物疫病中有近 200 种属于人畜共患疫病。这些人畜共患疫病可通过动物及其产品传播。例如，口蹄疫、炭疽病、沙门氏菌病等。通过检疫，可以及早发现并采取措施，防止人类感染人畜共患疫病。

四、动物检疫的范围

按照我国现行动物检疫法律规定，将我国动物检疫分为国内检疫和进出境检疫。

（一）国内动物检疫的范围

《中华人民共和国动物防疫法》第 5 章第 41 条规定：国内动物检疫的范围包括动物和动物产品。该法中所称动物，是指家畜家禽和人工饲养、合法捕获的其他动物。动物产品，是指动物的肉、生皮、原毛、绒、脏器、脂、血液、精液、卵、胚胎、骨、蹄、头、角、筋以及可能传播动物疫病的奶、蛋等。

（二）进出境动物检疫的范围

《中华人民共和国进出境动植物检疫法》第 1 章第 2 条规定：进境、出境、过境的动植物检疫的范围包括动植物、动植物产品和其他检疫物，装载动植物、动植物产品和其他检疫物的装载容器、包装物，以及来自动植物疫区的运输工具。动物是指饲养、野生的活动物，如畜、禽、兽、蛇、龟、鱼、虾、蟹、贝、蚕、蜂等；动物产品是指来源于动物未经加工或者虽经加工但仍有可能传播疫病的产品，如生皮张、毛类、肉类、脏器、油脂、动物水产品、奶制品、蛋类、血液、精液、胚胎、骨、蹄、角等；其他检疫物是指动物疫苗、血清、诊断液、动植物废弃物等。

五、动物检疫的对象

所谓动物检疫对象是指动物疫病，即各种动物的传染病和寄生虫病。

（一）国内动物检疫对象

为贯彻执行《中华人民共和国动物防疫法》，2008 年 12 月 11 日，农业部公布了第 1125 号公告，对原《一、二、三类动物疫病病种名录》进行了修订，重新规定了全国动物检疫对象共 3 类，157 种，其中，一类病 17 种，二类病 77 种，三类病 63 种。

（二）进出境动物检疫的对象

1992 年 6 月 8 日，农业部公布了《中华人民共和国进境动物一二类传染病、寄生虫病名录》（以下简称《名录》），主要针对境外动物，目的是防止境外动物传染病、寄生虫病传入境内。《名录》规定了对进境动物和动物产品检疫的疫病共 97 种，其中一类病 15 种，二类病 82 种。

六、动物检疫的分类

按照我国现行动物检疫法律规定，将我国动物检疫分为进出境检疫和国内检疫两大类，各自又包括若干种小类。

动物检疫

国内检疫（内检）
- 产地检疫
- 屠宰检疫
- 运输检疫
- 净化检疫

过境检疫（外检）
- 进境检疫
- 出境检疫
- 过境检疫
- 携带、邮寄物检疫
- 运输工具检疫

第二节 动物检疫技术

一、产地检疫

(一) 产地检疫的概念和意义

1. 产地检疫的概念

产地检疫是指动物及其产品在离开饲养、生产地之前，由动物卫生监督机构派官方兽医到现场或指定地点实施的检疫。

产地检疫包含有许多不同的情况，如动物饲养场或饲养户等饲养的动物，按照常年检疫计划，在饲养场地进行的就地检疫；动物于出售前在饲养场地进行的就地检疫；动物于准备运输前在饲养地进行的就地检疫；准备出口动物在未进入口岸前进行的隔离检疫；准备出售或调运的动物产品在生产厂地进行的检疫等。可见，产地检疫是一项基层检疫工作。所以，一般的产地检疫主要由乡镇动物防检疫分站具体负责，出口动物及其产品的产地检疫应由当地县级以上兽医主管部门所属动物卫生监督机构负责。

2. 产地检疫的意义

(1) 动物产地检疫的实施是落实预防为主的防治方针，防止患病动物、动物产品进行流通的关键；通过产地检疫，在动物生产饲养、加工阶段及进入流通环节前能及时发现病原，并及时采取措施消灭传染源、切断传播途径，有效地防止病原的扩散传播。

(2) 加强动物产地检疫、防止疫病进入交易市场，可以减轻流通领域检疫时间及工作量大的压力，减少误检率、提高检疫的正确性，也减轻了对外贸易、运输和市场检疫监督的压力。

(3) 通过查验免疫检疫档案和动物免疫标识，可以充分调动畜主防疫的积极性，促进基础动物免疫接种工作，提高动物生产、加工、经营人员的防疫检疫意识，实现防检结合、以检促防。

（4）动物产地检疫是预防、控制和扑灭疫病的治本措施。

（二）产地检疫的分类和要求

1. 产地检疫的分类

产地检疫可根据检疫环节的不同分为以下几类。

（1）产地售前检疫。对动物养殖场或个人、动物产品生产加工单位或个人准备出售的动物、动物产品在出售前进行的检疫。

（2）产地常规检疫。对正在饲养过程中的动物按常年检疫计划进行的检疫。

（3）产地隔离检疫。对准备出口的动物未进入口岸前在产地隔离进行的检疫。国内异地调运种用、乳用动物，运前在原养殖场隔离进行的检疫和产地引种饲养调回动物后进行的隔离观察亦属产地隔离检疫。

2. 产地检疫的要求

（1）定期检疫。动物饲养场和饲养户应按照检疫的要求，每年对饲养的动物进行某些疫病（如结核病、布鲁氏菌病、马鼻疽等）的定期检疫。饲养种用、乳用动物的单位和个人，要根据国家规定的要求进行检疫，或由当地动物卫生监督机构进行检疫。

（2）引进检疫。跨省、自治区、直辖市引进乳用动物、种用动物的单位和个人，在运输的乳用动物、种用动物到达目的地后应当立即向当地动物卫生监督机构报告，在动物卫生监督机构的监督下，在隔离场或饲养场（养殖小区）内的隔离舍进行隔离观察，大中型动物隔离期为 45 天，小型动物隔离期为 30 天。经隔离观察合格的方可混群饲养；不合格的，按照有关规定进行处理。

（3）售前检疫。饲养单位或饲养户的动物出售前，必须经当地动物卫生监督机构实施检疫，并出具检疫证明。动物、动物产品售前检疫是产地检疫的核心和关键，是保证采购质量，减少采购损失，防止疫病传播的重要环节。

（4）运前检疫。动物及其产品集结后准备调运前，应进行产地检疫，由县级以上动物卫生监督机构出具检疫合格证。

（三）产地检疫的程序和内容

1. 产地检疫的程序

动物产地售前检疫的程序是：报检→了解疫情→查验免疫证明→临床健康检查→检疫结果处理→①符合出证条件的出证；②不符合出证条件的按国家相关规定处理。

2. 产地检疫的内容

（1）报检。国家实行动物检疫申报制度。动物、动物产品在出售或调出产地前，畜货主应当按规定时限向所在地动物卫生监督机构申报检疫，出售、运输动物产品和供屠宰、饲养的动物提前3天申报检疫。乳用、种用动物及其精液、卵、胚胎、种蛋，以及参加展览、演出和比赛的动物，提前15天申报检疫。合法捕获的野生动物在捕获后3天内申报检疫。

（2）疫情调查。通过询问有关人员（畜主、饲养管理人员、防疫员等）和对检疫现场的实际观察，了解当地疫情及邻近地疫情动态，确定被检动物是否在非疫区或来自非疫区。

（3）查验免疫证明。向有关人员索验畜禽免疫接种证明或查验动物体表是否有圆形针码免疫、检疫印章。检查动物养殖场（户），对国家规定或地方规定必须强制免疫的疫病是否进行了免疫，动物是否处在免疫保护期内。如果未按规定进行免疫，或虽然免疫但已不在免疫保护期内，要以合格疫苗再次接种，出具免疫证明。

各种疫苗的免疫保护期不同，检疫人员必须熟悉，如猪瘟兔化弱毒冻干苗，注射后 4 天就可产生免疫力，免疫期 1.5 年；而猪瘟、猪丹毒、猪肺疫三联冻干苗注射后 2~3 周产生免疫力，免疫期 6 个月。无毒炭疽芽胞苗注射后 14 天产生免疫力，免疫期为 1 年。

《动物免疫证》的适用范围：用于证明已经免疫后的动物，由实施免疫的人员填写，在免疫后发给畜主保存。有的动物体表留有免疫标志，如猪注射猪瘟疫苗后可在其耳部轧打塑料标牌，或在其左肩胛部盖有圆形印章。

（4）临床健康检查。对被检动物进行临床检查，确定动物是否健康。对即将屠宰的畜禽进行临床观察；对种用、乳用、实验动物及役用动物除临床检查外，按检疫要求进行特定项目的实验室检验，如奶牛结核病变态反应检查等。

（5）检疫后处理。经检疫不合格的不予出证，发现动物传染病时，隔离动物，并立即向县级兽医主管部门报告。按照国标 GB 16548—2006《病害动物和病害动物产品生物安全处理规程》的规定对患病动物实施生物安全处理。对污染场地、用具实行严格消毒。发现疑似重大动物疫情时，要严格按照《动物疫情报告管理办法》规定报告。经检疫符合出证条件的，由官方兽医出具动物检疫合格证明。

（6）运载工具进行消毒。运载动物的车辆、装载用具、官方兽医要监督货主或承运人在装货前或卸货后进行清扫、冲刷，用规定的药物对运转车辆、装载用具、污染场地进行装前或卸后消毒。

关于动物产品的售前检疫，因产品种类不同其检疫内容有区别。肉品按肉品卫生检验的内容进行检验。骨、蹄、角应检查是否经过外包装消毒。骨是否带有未剔除干净的残肉、结缔组织等，是否有异臭。皮毛是否经过氧乙酸、环氧乙烷消毒或是否经炭疽沉淀试验。种蛋、精液要了解种畜禽场防疫状况和供体健康状况，种蛋出场前是否经福尔马林、高锰酸钾等消毒。精液是否进行品质检查。但不论何种动物产品，都应首先确定是否在非疫区或来自非疫区。动物产品经检疫符合出证条件的出具检疫证明，属胴体的在胴体上加盖明显的验讫标志。

（四）产地检疫的出证

产地检疫的出证是指经所在地县级动物卫生监督机构的官方兽医产地检疫后，对合格的动物、动物产品出具《动物检疫合格证明》。

按照《动物检疫管理办法》的规定，产地检疫出证包括四种情况。

1. 出售或运输活动物的，应当符合以下条件

（1）动物来自非封锁区或者未发生相关动物疫情的饲养场（户）。

（2）动物按照国家规定进行了强制免疫，并在有效保护期内。

（3）兽医临诊检查健康。

（4）农业部规定需要进行实验室疫病检测的，且检测结果符合要求。

（5）养殖档案相关记录和畜禽标识符合农业部规定。乳用、种用动物和宠物，还应当符合农业部规定的健康标准。

2. 出售、运输的骨、角、生皮、原毛、绒等动物产品，应当符合以下条件

（1）来自非封锁区，或者未发生相关动物疫情的饲养场、屠宰场。

（2）按有关规定消毒合格。

（3）农业部规定需要进行实验室疫病检测的，检测结果符合要求。

3. 出售、运输种用动物精液、卵、胚胎、种蛋的，应符合以下条件

（1）来自非封锁区，或者未发生相关动物疫情的种用动物饲养场。

（2）供体动物按照国家规定进行了强制免疫，并在有效保护期内。

（3）供体动物符合动物健康标准。

（4）农业部规定需要进行实验室疫病检测的，检测结果符合要求。

（5）供体动物的养殖档案相关记录和畜禽标识符合农业部规定。

4. 合法捕获的野生动物应符合以下条件，方可饲养、经营和运输

（1）来自非封锁区。

（2）兽医临床检查健康。

（3）农业部规定需要进行实验室疫病检测的，检测结果符合要求。

二、屠宰检疫

屠宰检疫是指对被宰动物所进行的宰前检疫和在屠宰过程中所进行的同步检疫。其中，宰前检疫是对待宰动物进行活体检查；屠宰的同步检疫是在屠宰过程中，对其胴体、头、蹄、脏器、淋巴结、油脂及其他应检疫部位按规定的程序和标准实施的检疫。

（一）宰前检疫

宰前检疫是指在屠宰场（厂、点）对宰前动物进行的活体健康检查。它是防止患病动物进入屠宰加工环节的重要手段。

1. 宰前检疫的目的和意义

（1）宰前检疫的目的。宰前检疫是动物屠宰加工过程施行动物防疫监督的重要环节之一；是控制疫情，及早消灭疫情和保证肉品卫生质量的重要措施，必须引起高度的重视。

（2）宰前检疫的意义。及时发现产地检疫时处于潜伏期和症状不明显的患病动物。对患病动物严格实行病健动物隔离、病健动物分宰，减少肉品污染，提高肉品卫生质量，防止疫情扩散，保护人体健康。它能检出宰后检验难以检出的疫病。如破伤风、狂犬病、李氏杆菌病、流行性乙型脑炎、口蹄疫和某些中毒性疾病等。同时，通过宰前检疫，能够促进动物产地检疫工作的开展，防止无证收购、无证宰杀。因此，应认真仔细地做好宰前检疫工作。

2. 宰前检疫的程序和方法

宰前检疫一般分为 3 个步骤：入场检查收购的动物到达屠宰场（点）后，在卸车前，由驻场官方兽医实施检查和监督。

（1）查证验物，了解疫情。

①官方兽医首先向畜主或承运人索取《动物检疫合格证明》（动物 A 或动物 B），核对动物种类、数量，查验检疫证明是否在有效期内、出证机关是否合法、是否有官方兽医签字。核对猪、牛、羊等动物是否佩戴畜禽标识。

②检查猪、牛、羊等动物的饲料未添加使用"瘦肉精"的保证书。

③向畜主或承运人询问运输过程，了解运输途中死亡情况，防止患病动物混入健康群。拒收来自疫区和无有效证明的动物。监督厂方及时将运输途中死亡的动物运到无害化处理间进行无害化处理。

④对运载的动物做群体静态（粪、尿、呼吸频率、睡卧姿势、毛色光泽、眼结膜、口蹄等）和卸车动态（皮肤体表、耳

尾反射能力、精神状态、行动姿态、叫声、四蹄、鼻端有无异常等）相结合的初步检验，确认无重要传染病的前提下始准卸车，发现可疑动物及时做好标识并赶入隔离圈，进行详细的个体临床检查，必要时进行实验室检查，确认后按《动物防疫法》有关规定和程序执行。

⑤监督畜主对运载工具清洗、消毒后出厂。

（2）待宰检查。对不同货主、不同产地动物要分圈饲养，在留养待宰期间尚需随时进行临床观察，发现可疑动物随时剔除，转送隔离圈或急宰。

（3）宰前复检。在正式屠宰前再做一次以群体检查为主的健康检查，必要时可重点进行测量，剔除患病动物，经过检查，认为健康合格者，准予屠宰。

3. 宰前检疫后的处理

宰前检疫后对经入场检查合格动物，由官方兽医出具准宰通知书后，准予屠宰。对可疑或患病的动物，根据具体情况和疫病的性质进行如下处理。

（1）经入场检查发现疑似染疫的，证物不符，无畜禽标识、检疫证明逾期的，检疫证明被涂改、伪造的，禁止入场，并依照《中华人民共和国动物防疫法》的有关规定处理。

（2）在宰前检疫环节发现使用违禁药物、投入品，以及注水、中毒等情况的畜禽，应禁止入场、屠宰，对上述动物暂扣，按有关规定处理。

（3）经宰前检疫发现口蹄疫、猪瘟、高致病性猪蓝耳病、炭疽、牛传染性胸膜肺炎、牛海绵状脑病、小反刍兽疫、绵羊痘和山羊痘、痒病、高致病性禽流感、鸡新城疫等一类传染病时，立即责令停止屠宰，采取紧急防疫措施，限制动物及产品和人员移动，并按照《中华人民共和国动物防疫法》《重大动物疫情应急条例》《动物疫情报告管理办法》及《病害动物和病害动物产品生物安全处理规程》（GB16548）等有关的规定处理。

（4）经宰前检疫发现猪丹毒、猪肺疫、猪Ⅱ型链球菌病毒、布氏杆菌病、牛结核病、牛传染性鼻气管炎、鸭瘟、马立克氏病、禽痘等二类动物疫病时，患病动物按照国家的相关规定处理。同群动物按规定隔离检疫，确认无疫病的，可正常屠宰，出现临床症状的，按照《病害动物和病害动物产品生物安全处理规程》（GB16548）的办法处理。

（5）经宰前检疫检出患有一二类以外的其他疫病及物理损伤的动物，在急宰间进行急宰，并按照《病害动物和病害动物产品生物安全处理规程》（GB16548）的规定处理。

（6）经宰前检疫确认为无碍于肉食品安全且濒临死亡的动物，视情况进行急宰。

（7）监督屠宰场（点）对处理患病动物的待宰圈、急宰间、隔离圈等进行彻底消毒。

（8）官方兽医在宰前检疫过程中，要对检疫合格证明、畜禽标识、准宰通知书等检疫结果及处理情况，按照要求做好各项记录，并保存2年以上备查。

（二）宰后检疫

1. 宰后检疫的概念和意义

宰后检疫是指在屠宰解体的状态下，通过感官检查和剖检，必要时辅以细菌学、血清学、病理学和理化学等实验室检查，剔除宰前检疫漏检的患病动物的肉品及其产品，并依照有关规定对这些肉品及其产品进行无害化处理。

宰后检疫是宰前检疫的继续和补充，宰前检疫只能剔除一些具有体温反应或症状比较明显的患病动物，对于处于潜伏期或症状不明显的患病动物则难以发现，往往随同健康动物一起进入屠宰加工过程。这些患病动物只有经过宰后检验，在解体状态下，直接观察胴体、脏器所呈现的病理变化和异常现象，才能进行综合分析，做出准确判断，例如，猪慢性咽炭疽、猪旋毛虫病、猪囊虫病等。所以，宰后检疫对于检出和控制疫病、保证肉品卫生质量、防止传染等具有重要的意义。

2. 宰后检疫的方法

宰后检疫以感官检疫为主，必要时辅之实验室检疫。

（1）感官检疫。动物检疫人员，通过一般的观察，即可大体判断胴体、肉尸和内脏的好坏以及屠宰动物所患的疫病范围。具体方法如下。

①视检。即观察肉尸皮肤、肌肉、胸腹膜、脂肪、骨骼、关节、天然孔及各种脏器的外部色泽、形态大小、组织性状等是否正常。例如，上下颌骨肿大（特别是牛、羊），注意检查放线菌病；如喉颈部肿胀，应注意检查炭疽和巴氏杆菌病。

②剖检。是用器械切开并观察肉尸或脏器的隐蔽部分或深层组织的变化。这对淋巴结、肌肉、脂肪、脏器疾病的诊断是非常必要的。

③触检。用手直接触摸，以判定组织、器官的弹性和软硬度有无变化。这对发现深部组织或器官内的硬结性病灶具有重要意义。例如，在肺叶内的病灶只有通过触摸才能发现。

④嗅检。对某些无明显病变的疾病或肉品开始腐败时，必须依靠嗅觉来判断。如屠宰动物生前患有尿毒症，肉中带有尿味；药物中毒时，肉中则带有特殊的药味；腐败变质的肉，则散发出腐臭味等。

（2）化验检疫。凡在感官检疫中对某些疫病发生怀疑时，如已判定有腐败变质的肉品是否还有其利用价值，可用化验做辅助性检疫，然后做出综合性判断。

①病原检疫。采取有病变的器官、血液、组织用直接涂片法进行镜检，必要时再进行细菌分离、培养、动物接种以及生化反应来加以判定。

②理化检疫。肉的腐败程度完全依靠细菌学检疫是不够的，还需进行理化检疫。可用氨反应、联苯胺反应、硫化氢试验、球蛋白沉淀试验、pH 值的测定等综合判断其新鲜程度。

③血清学检疫。针对某种疫病的特殊需要，采取沉淀反应、补体结合反应、凝集试验和血液检查等方法，来鉴定疫病的性质。

3. 宰后检疫的要求

宰后检疫是在屠宰加工过程中进行和完成的，因此，对宰后检疫有严格的要求。

（1）对检疫环节的要求。检疫环节应密切配合屠宰加工工艺流程，不能与生产的流水作业相冲突，所以宰后检验常被分作若干环节安插在屠宰加工过程中。

（2）对检疫内容的要求。应检内容必须检查。严格按国家规定的检疫内容、检查部位进行。不能人为地减少检疫内容或漏检。每一动物的肉尸、内脏、头、皮在分离时编记同一号码，以便查对。

（3）对剖检的要求。为保证肉品的卫生质量和商品价值，剖检时只能在一定的部位，按一定的方向剖检，下刀快而准，切口小而齐，深浅适度。不能乱切和拉锯式的切割，以免造成切口过多过大或切面模糊不清，造成组织人为变化，给检验带来困难。肌肉应顺肌纤维方向切开。

（4）对保护环境的要求。为防止肉品污染和环境污染，当切开脏器或组织的病变部位时，应采取措施，不沾染周围肉尸、不掉地。当发现恶性传染病和一类检疫对象时，应立即停宰，封锁现场，采取防疫措施。

（5）对检疫人员的要求。检疫员每人应携带两套检疫工具，以便在检疫工具受到污染时能及时更换。被污染的工具要彻底消毒后方能使用。检疫人员要做好个人防护。

4. 宰后检疫的程序

动物宰后检疫的一般程序是：头部检疫→内脏检疫→肉尸检疫三大基本环节；在猪增加皮肤和旋毛虫检验两个环节，猪的宰后检验程序，即头部检验→皮肤检验→内脏检验→旋毛虫检验→肉尸检验五个检验环节。家禽、家兔一般只进行内脏和肉尸两个环节的检疫。

5. 宰后检疫结果的处理

（1）经宰后检疫合格的动物产品，由官方兽医出具《动物检疫合格证明》，加盖统一的检疫验讫印章，对分割包装的肉品加施检疫标志。

（2）经宰后检疫不合格的动物产品，由官方兽医出具《动物检疫处理通知单》，并根据不同情况，采取相应的措施。

①经宰后检疫发现一二类动物疫病的，要立即责令停止屠宰，采取紧急防疫措施，限制动物及产品和人员移动，并按照《中华人民共和国动物防疫法》《重大动物疫情应急条例》《动物疫情报告管理办法》及《病害动物和病害动物产品生物安全处理规程》（GB16548）等有关的规定处理。

②经宰后检疫发现一二类动物疫病以外其他疫病的，官方兽医要监督屠宰场（点）对患病动物的胴体及其副产品，按照《病害动物和动物产品生物安全处理规程》（GB16548）的规定处理；污染的场所、器具，按规定采取严格消毒等防疫措施，并做好《生物安全处理记录》。

③监督屠宰场（点）做好检出病害动物及其废弃物的无害处理工作。

④官方兽医按照要求做好宰后检疫各项记录的填写和保存，保存2年以上备查。

第五章 疫情巡查与报告

疫情巡查与报告是动物防疫的一项重要基础工作。做好疫情巡查和报告工作，有利于真正做到动物疫情"早发现、早诊断、早处置"，把疫情控制在最小范围内，把疫情损失降低到最低程度。

第一节 疫情巡查方法与要求

一、方法

（1）村级动物防疫员要定期走访责任区内的畜禽散养户，向畜主了解出栏、补栏及新出生畜禽情况，询问近期畜禽是否出现异常现象，包括采食、饮水、发病等情况，同时，要深入畜禽饲料圈舍，查看畜禽精神状态，粪便、尿液颜色、形状是否异常，必要时可进行体温测量。

（2）在当地动物疫病高发季节，应增加巡查次数。在野生动物迁徙季节如每年的秋冬交替和冬春交替季节，要对荒滩、沼泽、河流、荒山等野生动物栖息地和出没地等进行巡查。

二、要求

做好每次的疫情巡查记录，发现问题要及时向上级动物疫病预防控制机构报告情况。

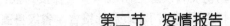

第二节　疫情报告

一、定义

发现动物染疫或疑似染疫时，应当立即向乡（镇）动物防疫机构报告，若乡（镇）动物防疫机构没有及时做出反映，可直接向市、县兽医主管部门、动物防疫监督机构或动物疫病预防控制机构报告。在报告动物疫情的同时，对染疫或疑似染疫的动物应采取隔离措施，限制动物及其产品流动，防止疫情扩散。

二、报告形式

可采用电话、传真、电子邮件等书面形式报告。

三、报告内容

①疫情发生的时间、地点。

②染疫、疑似染疫动物种类和数量、同群动物数量、免疫情况、死亡数量、临床症状、病理变化、诊断情况。

③流行病学和疫源追踪情况。

④已采取的控制措施。

⑤疫情报告的单位、负责人、报告人及联系方式。

四、重大动物疫情报告程序和时限

发现可疑动物疫情时，必须立即向当地县（市）动物防疫监督机构报告。县（市）动物防疫监督机构接到报告后，应当立即赶赴现场诊断，必要时可请省级动物防疫监督机构派人协助进行诊断，认定为疑似重大动物疫情的，应当在2小时内将疫情逐级报至省动物疫病预防控制机构，并同时报所在地人民政府兽医行政管理部门。省动物疫病预防控制机构应当在接到报告后 1 小时内，向省级兽医行政管理部门和农业部报告。省级兽医行政管理部门应当在接到报告后的 1 小时内报省级人民政府。特别重大、重大动物疫情发生后，省级人民政府、农业部应当在 4 小时内向国务院报告。

第三节　重大动物疫情认定程序及疫情公布

一、认定程序

县级接到可疑动物疫情报告后，应当立即赶赴现场诊断，必要时可请省动物疫病预防控制机构派人协助进行诊断，认定为疑似重大动物疫情的，应立即按要求采集病料样品送省动物疫病预防控制机构实验室确诊，省级不能确诊的，送国家参考实验室确诊。确诊结果应立即报农业部，并抄送省级兽医行政管理部门。

二、疫情公布

重大动物疫情由国务院兽医主管部门按照国家规定的程序，及时准确公布；其他任何单位和个人不得公布重大动物疫情。

第四节　违反处置动物疫情相关规定所承担的法律责任

县级以上人民政府兽医主管部门及其工作人员违反《中华人民共和国动物防疫法》（以下简称《动物防疫法》）的规定，未及时采取预防、控制、扑灭等措施的；其他未依照《动物防疫法》规定履行职责的行为，由本级人民政府责令改正，通报批评；对直接负责的主管人员和其他直接责任人员依法给予处分。

动物疫病预防控制机构及其工作人员违反《动物防疫法》

规定，发生动物疫情未及时进行诊断、调查的；其他未依照《动物防疫法》规定履行职责的行为，由本级人民政府或者兽医主管部门责令改正，通报批评；对直接负责的主管人员和其他直接责任人员依法给予处分。

地方各级人民政府、有关部门及其他工作人员瞒报、谎报、迟报、漏报或者授意他人瞒报、谎报、迟报动物疫情，或者阻碍他人报告动物疫情的，由上级人民政府或者有关部门责令改正，通报批评；对直接负责的主管人员和其他直接责任人员依法给予处分。

违反《动物防疫法》规定，不按照国务院兽医主管部门规定处置染疫动物及其排泄物，染疫动物产品，病死或者死因不明的动物尸体，运载工具中的动物排泄物以及垫料、包装物、容器等污染物以及其他经检疫不合格的动物，动物产品的，由动物卫生监督机构责令无害化处理，所需处理费用由违法行为人承担，可以处3 000元以下罚款。

违反《动物防疫法》规定，有下列行为之一的，由动物卫生监督机构责令改正，处1 000元以上10 000元以下罚款。一是不遵守县级以上人民政府及其兽医主管部门依法做出的有关控制、扑灭动物疫病规定的；藏匿、转移、盗掘已被依法隔离、封存、处理的动物和动物产品的；发布动物疫情的。

违反《动物防疫法》规定，构成犯罪的，依法追究刑事责任。

违反《动物防疫法》规定，导致动物疫情传播、流行等，给他人人身、财产造成损害的，依法承担民事责任。

第六章　畜禽标识及养殖档案管理

为了规范畜牧业生产经营行为，加强畜禽标识和养殖档案管理，建立畜禽及畜禽产品可追溯制度，有效防控重大动物疫病，保障畜禽产品质量安全，农业部于 2006 年出台了《畜禽标识和养殖档案管理办法》。

一、畜禽标识

（一）概念

畜禽标识是指经农业部批准使用的耳标、电子标签、脚环以及其他承载畜禽信息的标识物。

（二）适用范围

我国境内从事畜禽及畜禽产品生产、经营、运输等活动。

（三）主管部门

农业部负责全国畜禽标识和养殖档案的监督管理工作。

县级以上地方人民政府畜牧兽医行政主管部门负责本行政区域内畜禽标识和养殖档案的监督管理工作。

（四）家畜耳标样式

1. 耳标组成及结构

家畜耳标由主标和辅标两部分组成。主标由主标耳标面、耳标颈、耳标头组成。辅标由辅标耳标面和耳标锁扣组成。

2. 耳标形状

（1）猪耳标。主标耳标面为圆形，辅标耳标面为圆形（图 6–1）。

图 6 – 1　猪耳标

（2）牛耳标。主标耳标面为圆形，辅标耳标面为铲形（图 6 – 2）。

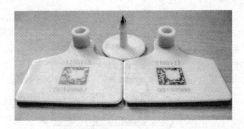

图 6 – 2　牛耳标

（3）羊耳标。主标耳标面为圆形，辅标耳标面为带半圆弧的长方形（图 6 – 3）。

3. 家畜耳标颜色

猪耳标为肉色，牛耳标为浅黄色，羊耳标为橘黄色。

4. 耳标编码

耳标编码由激光刻制，猪耳标刻制在主标耳标面正面，排布为相邻直角两排，上排为主编码，右排为副编码。牛、羊耳标刻制在辅标耳标面正面，编码分上、下两排，上排为主编码，下排为副编

图6-3 羊耳标

码。专用条码由激光刻制在主、副编码中央（图6-4至6-6）。

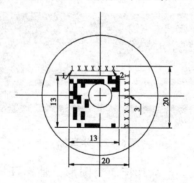

图6-4 猪耳标编码示意图

1. 代表猪　2. 县行政区划代码
3. 动物个体连码

（五）家畜耳标的佩戴

1. 佩戴时间

新出生家畜，在出生后30天内加施家畜耳标；30天内离开

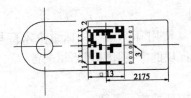

图6-5 羊耳标编码示意图

1. 代表羊 2. 县行政区划代码
3. 动物个体连码

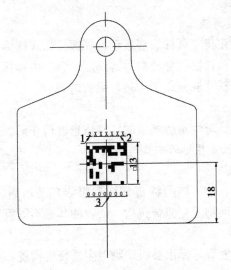

图6-6 牛耳标编码示意图

1. 代表牛 2. 县行政区划代码
3. 动物个体连码

饲养地的，在离开饲养地前加施；从国外引进的家畜，在到达目的地10日内加施。家畜耳标严重磨损、破损、脱落后，应当及时重新加施，并在养殖档案中记录新耳标编码。

2. 佩戴工具

耳标佩戴工具使用耳标钳，耳标钳由家畜耳标生产企业提供，并与本企业提供的家畜耳标规格相配备。

3. 佩戴位置

首次在左耳中部加施，需要再次加施的，在右耳中部加施。

4. 消毒

佩戴家畜耳标之前，应对耳标、耳标钳、动物佩戴部位要进行严格的消毒。

5. 佩戴方法

用耳标钳将主耳标头穿透动物耳部，插入辅标锁扣内，固定牢固，耳标颈长度和穿透的耳部厚度适宜。主耳标佩戴于生猪耳朵的外侧，辅耳标佩戴于生猪耳朵的内侧。

（六）登记

防疫人员对生猪所佩戴的耳标信息进行登记，造户成册。

（七）牲畜耳标的回收与销毁

1. 回收

猪、牛、羊加施的牲畜耳标在屠宰环节由屠宰企业剪断收回，交当地动物卫生监督机构，回收的耳标不得重复使用。

2. 销毁

回收的牲畜耳标由县级动物卫生监督机构统一组织销毁，并作好销毁记录。

3. 检查

县级以上动物卫生监督机构负责牲畜饲养、出售、运输、屠宰环节牲畜耳标的监督检查。

4. 记录

各级动物疫病预防控制机构应做好牲畜耳标的订购、发放、使用等情况的登记工作。各级动物卫生监督机构应做好牲畜耳标的回收、销毁等情况的登记工作。

二、养殖档案

（一）养殖档案主要内容

防疫人员应敦促或协助畜禽养殖场及养殖户建立养殖档案，养殖档案内容包括。

（1）畜禽的品种、数量、繁殖记录、标识情况、来源和进出场日期。

（2）饲料、饲料添加剂等投入品和兽药来源、名称、使用对象、时间和用量等有关情况。

（3）检疫、免疫、监测、消毒情况。

（4）畜禽发病、诊疗、死亡和无害化处理情况。

（5）畜禽养殖代码。

（6）农业部、省级畜牧兽医行政管理部门规定的其他内容。

（二）养殖档案表格

1. 养殖场（小区）备案表（6-1）

表6-1 ××省畜禽养殖场养殖小区备案表

单位名称		养殖品种	
常年存栏量		（头、只）	
单位地址			
畜禽养殖场（小区）负责人			
邮政编码		联系电话	
畜禽养殖场（小区）有关情况简介			

（续表）

单位名称		养殖品种	

一、生产场所和配套生产设施（主要生产工艺）：

二、畜牧兽医技术人员数量和水平（专业技能）：

三、《动物防疫合格证》编号：

四、环保设施：

现场验收意见：
验收组长签字：

县级畜牧主管部门（盖章）
年　月　日

畜禽标识代码：

2. 畜禽养殖场养殖档案

（1）封皮。

××省畜禽养殖场养殖档案（表6-2至表6-18）

单位名称：

畜禽标识代码：

动物防疫合格证编号：

畜禽种类：

××省畜牧兽医局监制

（2）畜禽养殖场平面图。

（表6-2由畜禽养殖场自行绘制）畜禽养殖场平面图

（由畜禽养殖场自行绘制）

（3）畜禽养殖场免疫程序。

（表6-3）畜禽养殖场免疫程序

（由畜禽养殖场按生产阶段自行绘制分类填写，成年畜禽单独填写）

（4）生产记录表（表6-4）。

表6-4 生产记录（按日或变动记录）

圈舍号	月龄	时间	变动情况（数量）				存栏数	备注
			出生	调入	调出	死淘		

注：1. 圈舍号：填写畜禽饲养的圈、舍、栏的编号或名称。不分圈、舍、栏的此栏不填

2. 时间：填写出生、调入、调出和死淘的时间

3. 变动情况（数量）：填写出生、调入、调出和死淘的数量。调入的需要在备注栏注明动物检疫合格证明编号，并将检疫证明原件粘贴在记录背面，如调入的种畜禽另需注明填写《种畜禽生产经营许可证》的单位名称和编号。调出的需要在备注栏注明详细的去向。死亡的需要在备注栏注明死亡和淘汰的原因

4. 存栏数：填写存栏总数，为上次存栏数和变动数量之和

（5）饲料、饲料添加剂和药物添加剂使用记录（表6-5）。

表6-5　饲料、饲料添加剂和药物添加剂使用记录

圈舍号	开始使用时间	产品名称	生产厂家	批号/加工日期	用量	停止使用时间	备注

注：1. 养殖场外购的饲料应在备注栏注明原料组成

　　2. 养殖场自加工的饲料在生产厂家栏填写自加工，并在备注栏写明使用的药物饲料添加剂的详细成分

　　3. 按畜禽不同生长阶段填写

（6）消毒记录（表6-6）。

表6-6　消毒记录

日期	消毒场所	消毒药名称	用药剂量	消毒方法	操作员签字

注：1. 消毒场所：填写圈舍、人员出入通道和附属设施等场所

　　2. 时间：填写实施消毒的时间

　　3. 用药剂量：填写消毒药的使用量和使用浓度

　　4. 消毒药名称：填写消毒药的化学名称

　　5. 消毒方法：填写熏蒸、喷洒、浸泡、焚烧等

（7）免疫记录（表6-7）。

表6-7 免疫记录

圈舍号	日/月龄	免疫情况				使用疫苗情况				免疫方法	免疫剂量	免疫人员签字	防疫监督责任人签字	备注
		时间	存栏数量	应免数量	实免数量	疫苗名称	生产厂家	生产批号	购入单位					

注：1. 圈舍号：填写动物饲养的圈、舍、栏的编号或名称。不分圈、舍、栏的此栏不填

2. 时间：填写实施免疫的时间

3. 数量：填写同批次免疫畜禽的数量，单位为头、只

4. 生产批号：填写疫苗的批号

5. 免疫方法：填写免疫的具体方法，如喷雾、饮水、滴鼻点眼、注射部位等方法

6. 备注：记录本次免疫中未免疫动物的耳标号

7. 依据免疫程序，分类填写

（8）诊疗记录（表6-8）。

表6-8　诊疗记录

时间	畜禽标识编码	圈舍号	日龄	发病数	病因	诊疗人员	用药名称	用药方法	诊疗结果

注：1. 畜禽标识编码：填写15位畜禽标识编码中的标识顺序号，按批次统一填写。猪、牛、羊以外的畜禽养殖场此栏不填

2. 圈舍号：填写动物饲养的圈、舍、栏的编号或名称。不分圈、舍、栏的此栏不填

3. 诊疗人员：填写做出诊断结果的单位，如某某动物疫病预防控制中心。执业兽医填写执业兽医的姓名

4. 用药名称：填写使用药物的名称即通用名（药物的主要成分）

5. 用药方法：填写药物使用的具体方法，如口服、肌肉注射、静脉注射等

（9）防疫监测记录（表6-9）。

表6-9 防疫监测记录

采样日期	圈舍号	采样数量	监测项目	监测单位	监测结果				处理情况	备注
					疫病监测		免疫监测			
					阳性数	阴性数	合格数	不合格数		

注：1. 圈舍号：填写动物饲养的圈、舍、栏的编号或名称。不分圈、舍、栏的此栏不填

2. 监测项目：填写具体的内容如布氏杆菌病监测、口蹄疫免疫抗体监测

3. 监测单位：填写实施监测的单位名称，如某某动物疫病预防控制中心。企业自行监测的填写自检。企业委托社会检测机构监测的填写受委托机构的名称

4. 监测结果：填写具体的监测结果，疫病监测分别填为"阳性数"或"阴性数"；免疫监测分别填为"合格数"或"不合格数"

5. 处理情况：填写针对监测结果对畜禽采取的处理方法。如针对结核病监测阳性牛的处理情况，可填写为对阳性牛全部予以扑杀。针对抗体效价低于正常保护水平，可填写为对畜禽进行重新免疫

（10）病死畜禽、废弃物无害化处理记录（表6－10）。

表6－10　病死畜禽、废弃物无害化处理记录

日期	数量	处理或死亡原因	畜禽标识编码	处理方法	处理单位（或责任人）	备注

注：1. 日期：填写病死畜禽无害化处理的日期

　　2. 数量：填写同批次处理的病死畜禽的数量，单位为头、只

　　3. 处理或死亡原因：填写实施无害化处理的原因，如染疫、正常死亡、死因不明等

　　4. 畜禽标识编码：填写15位畜禽标识编码中的标识顺序号，按批次统一填写。猪、牛、羊以外的畜禽养殖场此栏不填。如为废弃物即填写废弃物名称，包括粪便、垫草、垫料、及其他污染物

　　5. 处理方法：填写《畜禽病害肉尸及其产品无害化处理规程》GB16548规定的无害化处理方法

　　6. 处理单位：委托无害化处理场实施无害化处理的填写处理单位名称；由本厂自行实施无害化处理的由实施无害化处理的人员签字

（11）兽药使用记录表（表6-11）。

表6-11　兽药使用记录表

开始使用日期	停止使用日期	圈舍号	日(月)龄	数量	畜禽标识编码	预防或治疗病名	兽药				剂量	用药方法	休药期	兽医签字
							药品名称(通用名)	生产厂家	批号	购入单位				

注：1. 药品名称指兽药通用名

2. 休药期按国家规定填写，未规定休药期执行肉蛋不少于28天，牛奶不少于7天，不需要执行休药期的注明不需要

3. 剂量指该兽药国家标准规定的剂量，禁止擅自加大剂量、增加疗程

4. 禁止销售在规定用药期和休药期的动物产品

（12）产品销售记录表（表6-12）。

表6-12　产品销售记录表

销售日期	动物种类	月龄	数量	畜禽标识编码	销往单位		休药期执行否	出栏前最后用药物时间	备注
					名称	电话号码			

（13）兽药、饲料及饲料添加剂采购入库记录表（表6-13）。

表6-13　兽药、饲料及饲料添加剂采购入库记录表

圈舍号	日/月龄	免疫情况				使用疫苗情况				免疫方法	免疫剂量	免疫人员签字	防疫监督责任人签字	备注
		时间	存栏数量	应免数量	实免数量	疫苗名称	生产厂家	生产批号	购入单位					

注："疫苗名称"栏中要填写通用名，不得填写商品名

（14）种畜个体养殖档案（表6–14）。

表6–14 种畜个体养殖档案　　　　标识编码：

品种名称			个体编号		
性别			出生日期		
母号	外祖父号		父号	祖父号	
	外祖母号			祖母号	
种畜场名称					
地址					
负责人			联系电话		
种畜禽生产经营许可证编号					
种畜调运记录					
调运日期	调出地（场）			调入地（场）	

种畜调出单位（公章）　　　　　经办人　　年　月　日

注：本表由养殖场自行制定，可独立建档

（15）种猪系谱档案（表6–15）。

表6–15 种猪系谱档案

品种	性别	耳号	父亲	母亲	祖父	祖母	外祖父	外祖母	初生重	同胎头数	乳头数左	乳头数右	背膘厚	日增重	体型评级

（16）种母猪繁殖记录（表6－16）。

表6－16 种母猪繁殖记录

耳号：　　　　品种：

胎次	配种日期	与配公猪	预产期	实产期	总产仔数	活仔数	弱仔	死胎	木乃伊胎	初生窝重	断奶日龄	哺乳天数	断奶头数	断奶窝重	成活率	仔猪耳号区

（17）种禽场生产记录表（表6－17）。

表6－17 种禽场生产记录表

日期	周龄	存栏		死淘		耗料	产蛋数	产蛋率	合格种蛋	种蛋率	商品蛋	饲料报酬	母鸡只日耗料
		公鸡	母鸡	公鸡	母鸡								

（18）种禽场孵化记录（表6－18）。

表6－18 种禽场孵化记录

上蛋时间	品种	入孵数量	头照					二照			出雏数	健雏数	弱雏数	健雏率	孵化率	健雏	健母雏孵化率
			白蛋	受精蛋	死胚	受精率	死胚率	正常胚	死胚	死胚率							

三、动物标识及疫病可追溯体系的建立与组成

（一）追溯体系的作用和意义

1. 用现代化工具武装基层防疫队伍，大幅度提高工作效率和疫病防控准确性

2. 构建现代化的防疫、检疫、监督网络信息平台，推动动物疫病防控从被动管理向主动管理转变

3. 加强动物源性食品从生产到消费的全程实时监管

4. 实现重大动物疫情及动物产品质量安全事件快速追踪

（二）追溯体系的 3 个系统

由畜禽标识申购与发放管理、动物生命周期各环节全程监管、动物产品质量安全追溯三大系统构成的动物标识及疫病可追溯体系业务系统。这三大系统既紧密衔接，又相互独立，构成从耳标生产、配发，到动物饲养、流通，再到动物屠宰、动物产品销售全程监管追溯体系。

1. 畜禽标识申购与发放管理系统

畜禽标识的申购与发放管理是动物标识及疫病可追溯体系建设的基础，是能否顺利实施动物产品质量安全追溯的关键环节。畜禽标识申购与发放管理系统完成畜禽标识的网上申请、审核、审批、生产、发放等流程的管理。标识的网上申购发放流程保证了能够随时对全国申购的数据进行统一的监控和管理。

（1）标识申购发放流程。畜禽标识的申购与发放管理共分为申请耳标、审核耳标、审批耳标、生成耳标、下载耳标、耳标生产、签收耳标和发放耳标。

（2）耳标申请。县级管理机构根据本辖区耳标需求数量，通过网上申请该数量的耳标。申请以任务作为单位，申请任务的畜种和数量通过用户指定。

（3）耳标审核。市级耳标管理机构查看并对县级机构的耳

标申请任务进行审核，审核意见作为上级耳标管理机构审批耳标的参考意见。如果耳标申请的任务存在数量和畜种的错误，市级耳标管理机构可以将这个任务直接设置为不通过审核的状态，然后县级管理机构进行修改后可以再次申请新的任务。

（4）耳标审批。省级（自治区、直辖市）耳标管理机构对提交的耳标申请任务进行审批，审批时指定耳标生产厂商（一般是耳标生产招标时确定的耳标生产商）。

（5）耳标生成。中央耳标管理机构定期查看耳标申请和审批情况，核准符合生产标准的任务，通过系统生成耳标编码及二维码数据。同时设定耳标下载的权限和参数，使耳标厂商可以从中央服务器下载耳标数据。

（6）耳标生产。耳标生产企业定期上网查看耳标序号生成情况，如果存在已经允许下载的耳标任务，那么下载已允许生产的耳标序列号。下载耳标数据后，企业根据交货日期排定生产优先级，自动化耳标生产线完成生产任务。生产完毕后，生产企业将合格的耳标通过物流网络发货到所需地区或县级管理机构。

（7）耳标签收。县级管理机构收到耳标后，以任务为单位，核对耳标包装箱信息，如果信息无误，通过网上或移动智能识读设备签收耳标。

（8）耳标发放。乡镇或县机构耳标管理员向防疫员发放耳标，并通过网上或移动设备将领用信息传至中央服务器。防疫员领用耳标后，可以完成为畜禽佩戴耳标和其他的防疫工作。

2. 动物生命周期全程监管系统

动物生命周期全程监管系统是动物标识及疫病可追溯体系建设的重要组成部分，是重大动物疫病和动物产品质量安全的监管新的手段和先进技术举措。通过将饲养信息、防疫档案、检疫证明和监督数据传输到中央数据库，实现在发生重大动物疫病和动物产品安全事件时，利用牲畜唯一编码标识追溯原产地和同群畜，以实现快速、准确控制动物疫病的目的。

动物生命周期全程监管系统主要使用移动智能识读器来进行相关信息的收集，使用移动智能识读器能够减少基层防检人员大量的档案登记和手工开证工作，大大提高工作效率。主要在戴标防疫、产地检疫、运输监督、屠宰检疫等几个环节进行相关信息的采集。

（1）戴标防疫。在戴标防疫环节，乡镇防疫员确认畜主身份，给动物佩戴耳标，使用移动智能识读器记录畜主、耳标信息，进行首次免疫后，记录疫苗信息并将耳标信息存入 IC 卡，将采集的业务数据通过网络上传到中央数据库。动物生命周期中可进行多次防疫，防疫时可直接读取 IC 卡中的数据进行数据的上传，也可扫描耳标，再进行数据上传。

（2）产地检疫。动物出栏前，由乡镇检疫员对动物进行产地检疫。动物检疫员通过移动智能识读器扫描二维码动物标识，在线查询免疫等情况，对免疫、检疫合格的动物出具电子产地检疫证。如动物在本县境销售，乡镇检疫员开具产地检疫合格证；若动物欲出县境销售，则开具产地检疫合格证并在出县境时换取出县境检疫证。检疫证信息通过网络上传到中央数据库，并可存入流通 IC 卡。

（3）流通监督。在流通监督环节，动物监督员使用移动智能识读器扫描电子检疫证上的二维码或通过网络查询以鉴别动物标识和电子检疫证的真伪，并将监督信息通过网络上传到中央数据库。如发现动物患病则应根据耳标编码及时识读追溯原产地，并通报原产地及有关方面采取疫情控制、扑灭措施。

（4）屠宰检疫。屠宰检疫时，动物检疫员通过移动智能识读器扫描动物标识和检疫证上的二维码进行信息查核。对检疫合格的动物产品出具电子检疫证明，通过网络上传屠宰检疫信息、注销和回收二维码标识。如发现动物患病则应根据耳标编码及时识读追溯原产地，并通报原产地及有关方面采取疫情控制、扑灭措施。

（5）产品检疫。被屠宰后的动物出厂前，由乡镇派驻屠宰厂（点）的产品检疫员进行检疫，检疫合格后，开具产品检疫合格证；如果该产品跨县境销售，开具出县境产品检疫合格证。

（6）产品监督。道路检查站监督员对运输动物产品的车辆进行检查，核实货主身份，核对产品检疫合格证、消毒证，对符合检疫条件且证、物一致的，加盖道路动物防疫监督检查站公章。

3. 动物产品质量安全追溯系统

动物产品质量安全追溯系统是以新型唯一编码畜禽产品标识为载体，以现代信息网络技术为手段，通过标识编码、标识佩戴、识别跟踪、信息录入与传输、数据分析与查询，实现从牲畜进场屠宰到各加工环节的一体化全程追踪监管，使畜禽屠宰、产品检疫、产品加工工作通过唯一标识在追溯系统上的有机结合、资源共享，达到对动物产品的加工、储存、运输、消费的快速、准确溯源，对动物疫情和动物产品安全事件的快速处理，为动物源性食品的安全监管和疫病防控工作提供科学的决策依据。

动物产品质量安全追溯系统是动物标识及疫病可追溯体系的终极目标，将动物在进入屠宰企业时佩戴的二维码标识同屠宰环节时分割动物产品的标准条码之间建立相应的关系来实现动物和产品的绑定，并提供多种不同的查询方式针对标准条码进行查询，进而可以获知动物的原产地，防检疫等信息，达到动物产品的质量安全追溯的目的。

（1）入场检疫。入场检疫时收集供应商送入屠宰企业的牲畜信息，包括动物产地检疫信息（出县境动物产地检疫信息）和动物运载工具消毒信息。操作人可以扫描动物产地检疫合格证或者动物运载工具消毒证明以获取动物的检疫结果，数量等信息。

（2）屠宰。屠宰环节中，根据动物佩戴的耳标生成与之对应的白条标签。进入屠宰线的猪顺序经过屠宰线，操作员顺序将猪佩戴的耳标剪下扫描，生成与之对应的白条标签，屠宰线的猪顺序经过挂标签点时，顺序将生成的白色标签挂在猪白条上。这样建立了标识同白条标签的对应关系。

（3）分割。在分割环节中，可以根据屠宰企业进行分割的不同，生成对应不同分割工位的分割标签。在分割之前扫描猪身上的白色标签，根据扫描的标签生成对应的分割标签，然后顺序将标签贴在分割品上。

（4）销售。记录企业产品的去向。需要扫描标签（白条或分割品、包装标签），并详细记录不同的标签的不同去向。

（5）成品检疫。收集动物产品检疫信息、出县境动物产品检疫信息和动物及动物产品运载工具消毒证明等信息。

（6）通过食品溯源查询机查询。消费者可以通过部署在超市的食品溯源查询机扫描动物产品的一维条码，也可以手工输入视频溯源条码，查询动物产品的检疫结果，产品名称，生产日期，批号，生产单位，检疫单位等信息。

第七章　动物防疫相关法律法规解读

第一节　《中华人民共和国动物防疫法》

《中华人民共和国动物防疫法》(全书简称《动物防疫法》)于 1997 年 7 月 3 日经第 8 届全国人民代表大会常务委员会第 26 次会议通过，2007 年 8 月 30 日经第 10 届全国人民代表大会常务委员会第 29 次会议修订，于 2008 年 1 月 1 日起施行。

一、《动物防疫法》概述

（一）概念

是调整动物防疫活动的管理以及预防、控制和扑灭动物疫病过程中形成的各种社会关系的法律规范的总称。它的调整对象是在中华人民共和国领域内的动物防疫及其监督管理活动，进出境动物、动物产品的检疫适用《中华人民共和国进出境动植物检疫法》。

（二）动物防疫工作的行政管理

1. 政府机构

县级以上人民政府统一领导动物防疫工作。

2. 兽医行政主管部门

国务院兽医主管部门主管全国的动物防疫工作。县级以上地方人民政府兽医主管部门主管本行政区域内的动物防疫工作。军队和武装警察部队动物卫生监督职能部门分别负责军队和武装警

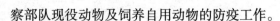
察部队现役动物及饲养自用动物的防疫工作。

3. 动物卫生监督机构

县级以上地方人民政府设立的动物卫生监督机构执法工作。

4. 动物疫病预防控制机构

县级以上人民政府建立动物疫病预防控制机构，承担动物疫病的监测、检测、诊断、流行病学调查、疫情报告以及其他预防、控制等技术工作。

（三）动物防疫工作方针

我国对动物疫病实行预防为主的方针。

（四）动物疫病分类

根据动物疫病对养殖业生产和人体健康的危害程度，分为下列三类，三类动物疫病具体病种名录由国务院兽医主管部门制定并公布。

（五）动物疫情的划分

分为特别重大（Ⅰ级）、重大（Ⅱ级）、较大（Ⅲ级）和一般（Ⅳ）四级，相应级别的疫情预警依次用红色、橙色、黄色和蓝色表示。

（六）动物疫病预防的重要措施

实行动物防疫条件审核制度。要求生产经营场所、动物饲养场、隔离场所、动物屠宰加工场所，以及动物和动物产品无害化处理场所应当符合动物防疫条件，并取得《动物防疫条件合格证》；经营动物、动物产品的集贸市场不需要取得《动物防疫条件合格证》，但应当具备国务院兽医主管部门规定的动物防疫条件，并接受动物卫生监督机构的监督检查。患有人畜共患传染病的人员不得直接从事动物诊疗以及易感染动物的饲养、屠宰、经营、隔离、运输等活动。

（七）关于经营动物、动物产品的禁止性规定

禁止屠宰、经营、运输下列动物和生产、经营、加工、贮

藏、运输下列动物产品：封锁疫区内与所发生动物疫病有关的；疫区内易感染的；依法应当检疫而未经检疫或者检疫不合格的；染疫或者疑似染疫的；病死或者死因不明的；其他不符合国务院兽医主管部门有关动物防疫规定的。

二、动物疫情的报告、通报和公布

（一）动物疫情报告

1. 动物疫情报告的义务主体

从事动物疫情监测、检验检疫、疫病研究与诊疗以及动物饲养、屠宰、经营、隔离、运输等活动的单位和个人，发现动物染疫或者疑似染疫的，应当立即报告。

2. 接受动物疫情报告的主体

当地的兽医主管部门、动物卫生监督机构或者动物疫病预防控制机构报告动物疫情。

3. 动物疫情的认定主体

动物疫情由县级以上人民政府兽医主管部门认定；其中重大动物疫情由省、自治区、直辖市人民政府兽医主管部门认定。

（二）动物疫情通报

1. 重大动物疫情的通报

国务院兽医主管部门应当及时向国务院有关部门和军队有关部门以及省、自治区、直辖市人民政府兽医主管部门通报重大动物疫情的发生和处理情况。

2. 人畜共患病的通报

发生人畜共患传染病的，县级以上人民政府兽医主管部门与同级卫生主管部门应当及时相互通报。

（三）动物疫情公布

国务院兽医主管部门负责向社会及时公布全国动物疫情。

三、动物疫情的控制和扑灭

针对三类动物疫病，分别采取控制和扑灭措施。

四、动物和动物产品的检疫

（一）检疫机构和官方兽医

1. 检疫机构

动物卫生监督机构。

2. 官方兽医

动物卫生监督机构的官方兽医具体实施动物、动物产品检疫。官方兽医应当具备规定的资格条件，取得国务院兽医主管部门颁发的资格证书。

（二）检疫不合格动物、动物产品的处理

经检疫不合格的动物，货主应当在动物卫生监督机构监督下规定处理，费用由货主承担。

五、动物诊疗

（一）从事动物诊疗活动的条件

有与动物诊疗相适应并符合动物防疫条件的场所；有与动物诊疗活动相适应的执业兽医；有与动物诊疗活动相适应的兽医器械和设备；有管理制度。

（二）动物诊疗许可证的申请与审核

申请人凭动物诊疗许可证向工商行政管理部门申请办理登记注册手续，取得营业执照后，方可从事动物诊疗活动。

（三）执业兽医资格考试和注册

国家实行执业兽医资格考试制度。执业兽医，是指从事动物诊疗和动物保健等经营活动的兽医。具有兽医相关专业大学专科以上学历的，可以申请参加执业兽医资格考试；考试合格的，由国务院兽医主管部门颁发执业兽医资格证书；从事动物诊疗的，还应当向当地县级人民政府兽医主管部门申请注册。

（四）执业兽医的权利和义务

执业兽医，方可从事动物诊疗、开具兽药处方等活动。参加预防、控制动物疫病的活动。

（五）乡村兽医服务人员管理规定

乡村兽医，是指尚未取得执业兽医资格，经登记在乡村从事动物诊疗服务活动的人员。乡村兽医只能在本乡镇从事动物诊疗服务活动，不得在城区从业。

六、违反《动物防疫法》的法律责任

行政处罚法律责任

1. 不按规定实施强制免疫、不按规定检测和处理以及对运载工具不按规定清洗消毒违法行为的法律责任

违反《动物防疫法》规定，有下列行为之一的，由动物卫生监督机构责令改正，给予警告；拒不改正的，由动物卫生监督机构代作处理，所需处理费用由违法行为人承担，可以处 1 000 元以下罚款：一是对饲养的动物不按照动物疫病强制免疫计划进行免疫接种的；二是种用、乳用动物未经检测或者经检测不合格而不按照规定处理的；三是动物、动物产品的运载工具在装载前和卸载后没有及时清洗、消毒的。

2. 不按规定处置染疫动物、动物产品及污染物品等违法行为的法律责任

违反《动物防疫法》规定，不按照国务院兽医主管部门规定处置染疫动物及其排泄物，染疫动物产品，病死或者死因不明的动物尸体，运载工具中的动物排泄物以及垫料、包装物、容器等污染物以及其他经检疫不合格的动物、动物产品的，由动物卫生监督机构责令无害化处理，所需处理费用由违法行为人承担，

可以处 3 000 元以下罚款。

3. 违反下列情形之一的法律责任

屠宰、经营、运输动物或者生产、经营、加工、贮藏、运输动物产品的，由动物卫生监督机构责令改正、采取补救措施，没收违法所得和动物、动物产品，并处同类检疫合格动物、动物产品货值金额 1 倍以上 5 倍以下罚款：一是封锁疫区内与所发生动物疫病有关的；二是疫区内易感染的；三是依法应当检疫而未经检疫或者检疫不合格的；四是染疫或者疑似染疫的；五是病死或者死因不明的。其中依法应当检疫而未检疫的，处货值金额 10% 以上 50% 以下罚款；对货主以外的承运人处运输费用 1 倍以上 3 倍以下罚款。

4. 违反《动物防疫法》规定，有下列行为之一的法律责任

由动物卫生监督机构责令改正，处 1 000 元以上 10 000 元以下罚款；情节严重的，处 10 000 元以上 100 000 元以下罚款：兴办动物饲养场（养殖小区）和隔离场所、动物屠宰加工场所以及动物和动物产品无害化处理场所，未取得动物防疫条件合格证的；未办理审批手续，跨省、自治区、直辖市引进乳用动物、种用动物及其精液、胚胎、种蛋的；未经检疫，向无规定动物疫病区输入动物、动物产品的。

5. 违反《动物防疫法》规定，参加展览、演出和比赛的动物未附有检疫证明的法律责任

由动物卫生监督机构责令改正，处 1 000 元以上 3 000 元以下罚款。

6. 不遵守有关控制扑灭动物疫病规定、破坏动物和动物产品有关处理措施以及违法发布动物疫情违法行为的法律责任

违反《动物防疫法》规定，有下列行为之一的，由动物卫生监督机构责令改正，处 1 000 元以上 10 000 元以下罚款：不遵守县级以上人民政府及其兽医主管部门依法做出的有关控制、扑

灭动物疫病规定的；藏匿、转移、盗掘已被依法隔离、封存、处理的动物和动物产品的；发布动物疫情的。

7. 未经许可从事动物诊疗活动的法律责任

违反《动物防疫法》规定，未取得动物诊疗许可证从事动物诊疗活动的，由动物卫生监督机构责令停止诊疗活动，没收违法所得；违法所得在 30 000 元以上的，并处违法所得 1 倍以上 3 倍以下罚款；没有违法所得或者违法所得不足 30 000 元的，并处 3 000 元以上 30 000 元以下罚款。

第二节　《中华人民共和国进出境动植物检疫法》

《中华人民共和国进出境动植物检疫法》（以下简称《进出境动植物检疫法》）于 1991 年 10 月 30 日经第 7 届全国人民代表大会常务委员会第 22 次会议通过，于 1992 年 4 月 1 日起施行。

凡进出我国国境的动植物、动植物产品和其他检疫物，装载动植物、动植物产品和其他检疫物的装载容器、包装物以及来自动植物疫区的运输工具，必须适用《进出境动植物检疫法》而实施检疫。

国家禁止下列与动物防疫相关各物进境：

一、动物病原体（包括菌种、毒种等）、害虫及其他有害生物；因科学研究等特殊需要引进前述规定的禁止进境物的，必须事先提出申请，经国家动植物检疫机关批准

二、动物疫情流行的国家和地区的有关动物、动物产品和其他检疫物

三、动物尸体

四、土壤

第三节　动物疫病防控法律法规

一、《重大动物疫情应急条例》

于2005年11月16日经国务院第113次常务会议通过，自2005年11月18日起施行。

（一）概述

1. 重大动物疫情的定义

重大动物疫情是指高致病性禽流感等发病率或者死亡率高的动物疫病突然发生，迅速传播，给养殖业生产安全造成严重威胁、危害，以及可能对公众身体健康与生命安全造成危害的情形，包括特别重大动物疫情。

2. 重大动物疫情应急工作的指导方针和应急工作原则

（1）指导方针。重大动物疫情应急工作应当坚持加强领导、密切配合、依靠科学、依法防治、群防群控、果断处置的24字方针。

（2）工作原则。重大动物疫情应急工作应当遵循及时发现、快速反应、严格处理、减少损失的16字原则。

3. 重大动物疫情应急工作的行政管理

兽医主管部门及其他有关部门的职责。县级以上人民政府兽医主管部门具体负责组织重大动物疫情的监测、调查、控制、扑灭等应急工作。县级以上人民政府其他有关部门在各自的职责范围内，做好重大动物疫情的应急工作。

4. 陆生野生动物疫源疫病的监测

县级以上人民政府林业主管部门、兽医主管部门按照职责分工，加强对陆生野生动物疫源疫病的监测。

（二）应急准备

1. 应急预案制度

国务院兽医主管部门应当制定全国重大动物疫情应急预案，报国务院批准，并按照不同动物疫病病种及其流行特点和危害程度，分别制定实施方案，报国务院备案；县级以上地方人民政府根据本地区的实际情况，制定本行政区域的重大动物疫情应急预案，报上一级人民政府兽医主管部门备案。县级以上地方人民政府兽医主管部门，应当按照不同动物疫病病种及其流行特点和危害程度，分别制定实施方案。重大动物疫情应急预案及其实施方案应当根据疫情的发展变化和实施情况，及时修改、完善。

2. 重大动物疫情应急预案的内容

一是应急指挥部的职责、组成以及成员单位的分工；二是重大动物疫情的监测、信息收集、报告和通报；三是动物疫病的确认、重大动物疫情的分级和相应的应急处理工作方案；四是重大动物疫情疫源的追踪和流行病学调查分析；五是预防、控制、扑灭重大动物疫情所需资金的来源、物资和技术的储备与调度，重大动物疫情应急处理设施和专业队伍建设。

3. 重大动物疫情报告制度

（1）重大动物疫情的报告义务。从事动物隔离、疫情监测、疫病研究与诊疗、检验检疫以及动物饲养、屠宰加工、运输、经营等活动的有关单位和个人，是重大动物疫情的报告义务人。

（2）重大动物疫情的报告时机。重大动物疫情报告义务人发现动物出现群体发病或者死亡的，应当立即向所在地的县（市）动物防疫监督机构报告。

（3）接受重大动物疫情报告的主体。疫情所在地的县（市）动物防疫监督机构。

（4）重大动物疫情的逐级报告制度。县（市）动物防疫监督机构接到报告后，应当立即赶赴现场调查核实。初步认为属于重大动物疫情的，应当在 2 小时内将情况逐级报省、自治区、直辖市动物防疫监督机构，并同时报所在地人民政府兽医主管部门；兽医主管部门应当及时通报同级卫生主管部门。

（5）重大动物疫情报告内容。包括疫情发生的时间、地点；染疫、疑似染疫动物种类和数量、同群动物数量、免疫情况、死亡数量、临床症状、病理变化、诊断情况；流行病学和疫源追踪情况；已采取的控制措施；疫情报告的单位、负责人、报告人及联系方式等。

（6）重大动物疫情报告期间的临时性控制措施。在重大动物疫情报告期间，有关动物防疫监督机构应当立即采取临时隔离控制措施；必要时，当地县级以上地方人民政府可以做出封锁决定并采取扑杀、销毁等措施。有关单位和个人应当执行。

4. 重大动物疫情的认定权限

重大动物疫情由省、自治区、直辖市人民政府兽医主管部门认定；必要时，由国务院兽医主管部门认定。重大动物疫情由国务院兽医主管部门按照国家规定的程序，及时准确公布。

5. 重大动物疫病病原管理制度

重大动物疫病应当由动物防疫监督机构采集病料，未经国务院兽医主管部门或者省、自治区、直辖市人民政府兽医主管部门批准。

6. 人民政府及有关单位和人员在重大动物疫情发生后的责任

（1）县级以上人民政府的主要职责。第一，根据兽医主管部门的建议，决定启动重大动物疫情应急指挥系统、应急预案和对疫区实施封锁。第二，重大动物疫情发生地的人民政府和毗邻地区的人民政府应当通力合作，相互配合，做好重大动物疫情的控制、扑灭工作。

（2）县级以上地方人民政府兽医主管部门的主要职责。重大动物疫情发生后，县级以上地方人民政府兽医主管部门应当立即划定疫点、疫区和受威胁区，调查疫源，向本级人民政府提出启动重大动物疫情应急指挥系统、应急预案和对疫区实行封锁的建议。

（3）饲养、经营动物和生产、经营动物产品有关单位和个人的义务。饲养、经营动物和生产、经营动物产品的有关单位和个人必须服从重大动物疫情应急指挥部在重大动物疫情应急处理中做出的采取隔离、扑杀、销毁、消毒、紧急免疫接种等控制、扑灭措施的决定；拒不服从的，由公安机关协助执行。

（三）应急处理措施

分别对疫点、疫区和受威胁区采取相应的措施

1. 对疫点应当采取下列措施

扑杀并销毁染疫动物和易感染的动物及其产品；对病死的动物、动物排泄物、被污染饲料、垫料、污水进行无害化处理；对被污染的物品、用具、动物圈舍、场地进行严格消毒。

2. 对疫区应当采取下列措施

在疫区周围设置警示标志，在出入疫区的交通路口设置临时动物检疫消毒站，对出入的人员和车辆进行消毒；扑杀并销毁染疫和疑似染疫动物及其同群动物，销毁染疫和疑似染疫的动物产品，对其他易感染的动物实行圈养或者在指定地点放养，役用动物限制在疫区内使役；对易感染的动物进行监测，并按照国务院兽医主管部门的规定实施紧急免疫接种，必要时对易感染的动物进行扑杀；关闭动物及动物产品交易市场，禁止动物进出疫区和动物产品运出疫区；对动物圈舍、动物排泄物、垫料、污水和其他可能受污染的物品、场地，进行消毒或者无害化处理。

3. 对受威胁区采取的措施

对受威胁区应当采取下列措施：对易感染的动物进行监测；对易感染的动物根据需要实施紧急免疫接种。紧急免疫接种和补

偿所需费用，由中央财政和地方财政分担。

（四）重大动物疫情监测中行政相对人违法行为的法律责任

拒绝、阻碍重大动物疫情监测以及不报告动物疫情违法行为的法律责任，违反《重大动物疫情应急条例》规定，拒绝、阻碍动物防疫监督机构进行重大动物疫情监测，或者发现动物出现群体发病或者死亡，不向当地动物防疫监督机构报告的，由动物防疫监督机构给予警告，并处 2 000 元以上 5 000 元以下的罚款；构成犯罪的，依法追究刑事责任。

二、《国家突发重大动物疫情应急预案》

（一）动物疫情分级

分特别重大（Ⅰ级）、重大（Ⅱ级）、较大（Ⅲ级）和一般（Ⅳ级）四级。

（二）应急组织体系

应急组织体系由应急指挥部、日常管理机构、专家委员会和应急处理机构 4 部分组成。

1. 应急指挥部

分为全国突发重大动物疫情应急指挥部和省级突发重大动物疫情应急指挥部。

2. 日常管理机构

包括农业部、省级人民政府兽医行政管理部门和市（地）级、县级人民政府兽医行政管理部门。

3. 专家委员会

由突发重大动物疫情专家委员会和突发重大动物疫情应急处理专家委员会组成。

4. 应急处理机构

由动物防疫监督机构和出入境检验检疫机构组成。

（三）疫情的监测、预警与报告

（四）疫情的应急响应和终止

特别重大突发动物疫情（Ⅰ级）的应急响应。确认特别重大突发动物疫情后，按程序启动国家突发重大动物疫情应急预案。

1. 县级以上地方各级人民政府

（1）组织协调有关部门参与突发重大动物疫情的处理。

（2）根据突发重大动物疫情处理需要，调集本行政区域内各类人员、物资、交通工具和相关设施、设备参加应急处理工作。

（3）发布封锁令，对疫区实施封锁。

（4）在本行政区域内采取限制或者停止动物及动物产品交易、扑杀染疫或相关动物，临时征用房屋、场所、交通工具；封闭被动物疫病病原体污染的公共饮用水源等紧急措施。

2. 兽医行政管理部门

（1）组织动物防疫监督机构开展突发重大动物疫情的调查与处理；划定疫点、疫区、受威胁区。

（2）组织突发重大动物疫情专家委员会对突发重大动物疫情进行评估，提出启动突发重大动物疫情应急响应的级别。

（3）根据需要组织开展紧急免疫和预防用药。

（4）县级以上人民政府兽医行政管理部门负责对本行政区域内应急处理工作的督导和检查。

3. 动物防疫监督机构

（1）县级以上动物防疫监督机构做好突发重大动物疫情的信息收集、报告与分析工作。

（2）组织疫病诊断和流行病学调查。

（3）按规定采集病料，送省级实验室或国家参考实验室确诊。

（4）承担突发重大动物疫情应急处理人员的技术培训。

4. 出入境检验检疫机构

（1）境外发生重大动物疫情时，会同有关部门停止从疫区国家或地区输入相关动物及其产品；加强对来自疫区运输工具的检疫和防疫消毒；参与打击非法走私入境动物或动物产品等违法活动。

（2）境内发生重大动物疫情时，加强出口货物的查验，会同有关部门停止疫区和受威胁区的相关动物及其产品的出口；暂停使用位于疫区内的依法设立的出入境相关动物临时隔离检疫场。

（五）相关术语定义

1. 重大动物疫情

指陆生、水生动物突然发生重大疫病，且迅速传播，导致动物发病率或者死亡率高，给养殖业生产安全造成严重危害，或者可能对人民身体健康与生命安全造成危害的，具有重要经济社会影响和公共卫生意义。

2. 我国尚未发现的动物疫病

指疯牛病、非洲猪瘟、非洲马瘟等在其他国家和地区已经发现、在我国尚未发生过的动物疫病。

3. 我国已消灭的动物疫病

指牛瘟、牛肺疫等在我国曾发生过，但已扑灭净化动物疫病。

4. 暴发

指在一定区域，短时间内发生波及范围广泛、出现大量患病动物或死亡病例，其发病率远远超过常年的发病水平。

5. 疫点

患病动物所在的地点划定为疫点，疫点一般是指患病畜、禽类所在的禽场（户）、家畜养殖场或其他有关屠宰、经营单位。

6. 疫区

以疫点为中心的一定范围内的区域划定为疫区，疫区划分时注意考虑当地的饲养环境、天然屏障（如河流、山脉）和交通等因素。

7. 受威胁区

疫区外一定范围内的区域划定为受威胁区。

第四节 执业兽医、乡村兽医及诊疗机构管理办法释义

一、《执业兽医管理办法》

于 2008 年 11 月 4 日经农业部第 8 次常务会议审议通过，自 2009 年 1 月 1 日起施行。

（一）概述

1. 立法目的

规范执业兽医执业行为，提高执业兽医业务素质和职业道德水平，保障执业兽医合法权益，保护动物健康和公共卫生安全。

2. 调整对象

在我国境内从事动物诊疗和动物保健活动的执业兽医适用《执业兽医管理办法》。但外国人和我国香港、澳门、台湾居民在我国申请执业兽医资格考试、注册和备案的除外。

3. 执业兽医的分类

执业兽医包括执业兽医师和执业助理兽医师。

（二）执业兽医资格考试

1. 考试制度

国家实行执业兽医资格考试制度。执业兽医资格考试由农业部组织，全国统一大纲、统一命题、统一考试。

2. 考试条件

具有兽医、畜牧兽医、中兽医（民族兽医）或者水产养殖专业大学专科以上学历的人员，可以参加执业兽医资格考试。《执业兽医管理办法》施行前，不具有大学专科以上学历，但已取得兽医师以上专业技术职称，经县级以上地方人民政府兽医主

管部门考核合格的，可以参加执业兽医资格考试。

3. 考试内容

执业兽医资格考试内容包括兽医综合知识和临床技能两部分。

4. 执业兽医管理办法

施行前，具有兽医、水产养殖本科以上学历，从事兽医临床教学或者动物诊疗活动，并取得高级兽医师、水产养殖高级工程师以上专业技术职称或者具有同等专业技术职称，经省、自治区、直辖市人民政府兽医主管部门考核合格，报农业部审核批准后颁发执业兽医师资格证书。

（三）执业注册和备案

1. 申请和备案

取得执业兽医师资格证书，从事动物诊疗活动的，应当向注册机关申请兽医执业注册；取得执业助理兽医师资格证书，从事动物诊疗辅助活动的，应当向注册机关备案。

2. 执业证书

兽医师执业证书和助理兽医师执业证书应当载明姓名、执业范围、受聘动物诊疗机构名称等事项。兽医师执业证书和助理兽医师执业证书的格式由农业部规定，由省、自治区、直辖市人民政府兽医主管部门统一印制。

（四）执业活动管理

1. 执业场所

执业兽医不得同时在两个或者两个以上动物诊疗机构执业，但动物诊疗机构间的会诊、支援、应邀出诊、急救除外。

2. 执业权限

执业兽医师的权限。执业兽医师可以从事动物疾病的预防、诊断、治疗和开具处方、填写诊断书、出具有关证明文件等活动。

执业助理兽医师的权限。执业助理兽医师在执业兽医师指导下协助开展兽医执业活动，但不得开具处方、填写诊断书、出具有关证明文件。

（五）法律责任

1. 超出执业范围执业以及未重新注册或备案违法行为的法律责任

违反执业兽医管理办法的规定，执业兽医有下列情形之一的，由动物卫生监督机构责令停止动物诊疗活动，没收违法所得，并处1 000元以上10 000元以下罚款；情节严重的，并报原注册机关收回、注销兽医师执业证书或者助理兽医师执业证书：超出注册机关核定的执业范围从事动物诊疗活动的；变更受聘的动物诊疗机构未重新办理注册或者备案的。

2. 伪造、变造、受让、租用、借用执业证书违法行为的法律责任

使用伪造、变造、受让、租用、借用的兽医师执业证书或者助理兽医师执业证书的，动物卫生监督机构应当依法收缴，并责令停止动物诊疗活动，没收违法所得，并处1 000元以上10 000元以下罚款。

3. 收回、注销执业证书的情形

执业兽医有下列情形之一的，原注册机关应当收回、注销兽医师执业证书或者助理兽医师执业证书：死亡或者被宣告失踪的；中止兽医执业活动满2年的；被吊销兽医师执业证书或者助理兽医师执业证书的；连续2年没有将兽医执业活动情况向注册机关报告，且拒不改正的；出让、出租、出借兽医师执业证书或者助理兽医师执业证书的。

二、《乡村兽医管理办法》

于2008年11月4日农业部第8次常务会议审议通过，自

2009 年 1 月 1 日起施行。

《乡村兽医管理办法》对加强乡村兽医从业管理，保障兽医合法权益，提高兽医业务水平和增强职业道德，保护动物健康，维护公共卫生安全起着重要的作用。

《乡村兽医管理办法》指导思想明确，对乡村兽医管理的重点在于规范乡村兽医从业行为，采取措施提高乡村兽医素质，提高乡村兽医服务农村动物防疫的能力和水平。明确了乡村兽医从业范围严格界定在"乡镇"，即"乡村兽医只能在本乡镇从事动物诊疗服务活动，不得在城区从业"（第 11 条）。规范了乡村兽医从业的管理，实行乡村兽医登记制度（见第 6 条）。但这种登记不是行政许可，没有规定未经登记不得从事兽医执业活动，目的在于了解和掌握乡村兽医状况，有针对性地开展乡村兽医教育培训。同时，明确了乡村兽医登记的条件、程序等。

三、《动物诊疗机构管理办法》

于 2008 年 11 月 4 日经农业部第 8 次常务会议审议通过，自 2009 年 1 月 1 日起施行。

（一）概述

1. 调整对象

在中华人民共和国境内从事动物诊疗活动的机构，应当遵守动物诊疗机构管理办法，但乡村兽医在乡村从事动物诊疗活动适用乡村兽医管理办法。

2. 动物诊疗的定义

动物诊疗，是指动物疾病的预防、诊断、治疗和动物绝育手术等经营性活动。

（二）诊疗许可

1. 诊疗许可制度

国家实行动物诊疗许可制度。从事动物诊疗活动的机构，应当取得动物诊疗许可证，并在规定的诊疗活动范围内开展动物诊疗活动。

2. 设立诊疗机构的条件

一般条件。申请设立动物诊疗机构的，应当具备下列条件：有固定的动物诊疗场所，且动物诊疗场所使用面积符合规定；动物诊疗场所选址距离畜禽养殖场、屠宰加工厂、动物交易场所不少于200m；动物诊疗场所设有独立的出入口，出入口不得设在居民住宅楼内或者院内，不得与同一建筑物的其他用户共用通道；具有1名以上取得执业兽医师资格证书的人员。

从事动物颅腔、胸腔和腹腔手术动物诊疗机构的条件。动物诊疗机构从事动物颅腔、胸腔和腹腔手术的，还应当具备以下条件：具有手术台、X光机或者B超等器械设备；具有3名取得执业兽医师资格证书的人员。

3. 设立动物诊疗机构的程序

（1）申请材料。申请设立动物诊疗机构时，应当提交下列材料。

①动物诊疗许可证申请表。

②动物诊疗场所地理方位图、室内平面图和各功能区布局图。

③动物诊疗场所使用权证明。

④法定代表人（负责人）身份证明。

⑤执业兽医师资格证书原件及复印件。

⑥设施设备清单。

⑦管理制度文本。

⑧执业兽医和服务人员的健康证明材料。

（2）动物诊疗机构的名称。动物诊疗机构应当使用规范的名称。不具备从事动物颅腔、胸腔和腹腔手术能力的，不得使用"动物医院"的名称。申请设立动物诊疗机构时，其名称应当先

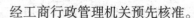
经工商行政管理机关预先核准。

4. 动物诊疗许可证

动物诊疗许可证应当载明诊疗机构名称、诊疗活动范围、从业地点和法定代表人（负责人）等事项。病历档案应当保存3年以上。

（三）动物诊疗机构违法行为的法律责任

1. 超出范围从事诊疗活动以及不按规定重新办理诊疗许可证违法行为的法律责任

动物诊疗机构有下列情形之一的，由动物卫生监督机构责令停止诊疗活动，没收违法所得；违法所得在30 000元以上的，并处违法所得1倍以上3倍以下罚款；没有违法所得或者违法所得不足30 000元的，并处3 000元以上30 000元以下罚款；情节严重的，并报原发证机关收回、注销其动物诊疗许可证：超出动物诊疗许可证核定的诊疗活动范围从事动物诊疗活动的；变更从业地点、诊疗活动范围未重新办理动物诊疗许可证的。

2. 使用伪造、变造、受让、租用、借用的动物诊疗许可证的法律责任

动物卫生监督机构应当依法收缴，并责令停止诊疗活动，没收违法所得；违法所得在30 000元以上的，并处违法所得1倍以上3倍以下罚款；没有违法所得或者违法所得不足30 000元的，并处3 000元以上30 000元以下罚款。出让、出租、出借动物诊疗许可证的，原发证机关应当收回、注销其动物诊疗许可证。

3. 动物诊疗机构连续停业2年以上或者连续2年未向发证机关报告动物诊疗活动情况的法律责任

动物诊疗机构连续停业2年以上的，或者连续2年未向发证机关报告动物诊疗活动情况，拒不改正的，由原发证机关收回、注销其动物诊疗许可证。

4. 违法使用兽药或者违法处理医疗废弃物的法律责任

动物诊疗机构在动物诊疗活动中，违法使用兽药的，或者违法处理医疗废弃物的，依照有关法律、行政法规的规定予以处罚。

第五节 兽药管理相关法律法规

一、《兽药管理条例》

于 2004 年 3 月 24 日，经国务院第 45 次常务会议审议通过，自 2004 年 11 月 1 日起施行。

（一）概述

1. 兽药行政管理

国务院兽医行政管理部门负责全国的兽药监督管理工作。县级以上地方人民政府兽医行政管理部门负责本行政区域内的兽药监督管理工作。

2. 相关术语定义

（1）兽药。兽药是指用于预防、治疗、诊断动物疾病或者有目的地调节动物生理机能的物质（含药物饲料添加剂），主要包括：血清制品、疫苗、诊断制品、微生态制品、中药材、中成药、化学药品、抗生素、生化药品、放射性药品及外用杀虫剂、消毒剂等。

（2）兽用处方药。兽用处方药是指凭兽医处方方可购买和使用的兽药。

（3）兽用非处方药。兽用非处方药是指由国务院兽医行政管理部门公布的、不需要凭兽医处方就可以自行购买并按照说明书使用的兽药。

（4）兽药生产企业。兽药生产企业是指专门生产兽药的企

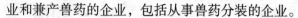

业和兼产兽药的企业，包括从事兽药分装的企业。

（二）兽药监督管理

1. 兽药监督管理主体

县级以上人民政府兽医行政管理部门负责组织对动物产品中兽药残留量的检测。兽药残留检测结果由国务院兽医行政管理部门或者省、自治区、直辖市人民政府兽医行政管理部门按照权限予以公布。

兽药检验工作由国务院兽医行政管理部门和省、自治区、直辖市人民政府兽医行政管理部门设立的兽药检验机构承担。国务院兽医行政管理部门可以根据需要认定其他检验机构承担兽药检验工作。

2. 兽医监督管理部门的行政强制措施

兽医行政管理部门在进行监督检查时，可以采取下列行政强制措施。

（1）对有证据证明可能是假、劣兽药的，应当采取查封、扣押的行政强制措施。

（2）自采取行政强制措施之日起7个工作日内，采取行政强制措施的兽医行政管理部门必须做出是否立案的决定。

（3）对于当场无法判定是否是假、劣兽药而需要实验室检验的物品，采取行政强制措施的兽医行政管理部门必须自检验报告书发出之日起15个工作日内做出是否立案的决定。

（4）对于不符合立案条件的，采取行政强制措施的兽医行政管理部门应当解除行政强制措施。

（5）需要暂停生产、经营和使用的，由国务院兽医行政管理部门或者省、自治区、直辖市人民政府兽医行政管理部门按照权限做出决定。

3. 假兽药的判定标准

（1）有下列情形之一的，为假兽药。

①以非兽药冒充兽药或者以他种兽药冒充此种兽药的。

②兽药所含成分的种类、名称与兽药国家标准不符合的。

（2）有下列情形之一的，按照假兽药处理。

①国务院兽医行政管理部门规定禁止使用的。

②依照《兽药管理条例》规定应当经审查批准而未经审查批准即生产、进口的，或者依照《兽药管理条例》规定应当经抽查检验、审查核对而未经抽查检验、审查核对即销售、进口的。

③变质的。

④被污染的。

⑤所标明的适应证或者功能主治超出规定范围的。

4. 劣兽药的判定标准有下列情形之一的，为劣兽药

①成分含量不符合兽药国家标准或者不标明有效成分的。

②不标明或者更改有效期或者超过有效期的。

③不标明或者更改产品批号的。

④其他不符合兽药国家标准，但不属于假兽药的。

（三）法律责任

（1）经营假、劣兽药，或无证经营兽药，或者经营人用药品的法律责任。违反《兽药管理条例》规定，无兽药生产许可证、兽药经营许可证生产、经营兽药的，或者虽有兽药生产许可证、兽药经营许可证，生产、经营假、劣兽药的，或者兽药经营企业经营人用药品的，责令其停止生产、经营，没收用于违法生产的原料、辅料、包装材料及生产、经营的兽药和违法所得，并处违法生产、经营的兽药（包括已出售的和未出售的兽药，下同）货值金额 2 倍以上 5 倍以下罚款，货值金额无法查证核实的，处 10 万元以上 20 万元以下罚款。无兽药生产许可证生产兽药，情节严重的，没收其生产设备；生产、经营假、劣兽药，情节严重的，吊销兽药生产许可证、兽药经营许可证。

（2）违反《兽药管理条例》规定，未按照国家有关兽药安全使用规定使用兽药的、未建立用药记录或者记录不完整真实的，或者使用禁止使用的药品和其他化合物的，或者将人用药品用于动物的，责令其立即改正，并对饲喂了违禁药物及其他化合物的动物及其产品进行无害化处理；对违法单位处 1 万元以上 5 万元以下罚款；给他人造成损失的，依法承担赔偿责任。

（3）违反《兽药管理条例》规定，销售尚在用药期、休药期内的动物及其产品用于食品消费的，或者销售含有违禁药物和兽药残留超标的动物产品用于食品消费的，责令其对含有违禁药物和兽药残留超标的动物产品进行无害化处理，没收违法所得，并处 3 万元以上 10 万元以下罚款；构成犯罪的，依法追究刑事责任；给他人造成损失的，依法承担赔偿责任。

二、《兽药标签和说明书管理办法》

于 2002 年 9 月 27 日经农业部常务会议审议通过，自 2003 年 3 月 1 日起施行。

（一）兽药内包装标签应注明的事项

内包装标签必须注明兽用标识、兽药名称、适应症（或功能与主治）、含量/包装规格、批准文号或《进口兽药登记许可证》证号、生产日期、生产批号、有效期、生产企业信息等内容。至少须标明兽药名称、含量规格、生产批号。

（二）兽药有效期的标注方法

兽药有效期按年月顺序标注。年份用四位数表示，月份用两位数表示，如"有效期至 2002 年 09 月"，或有效期至"2002.09"。

（三）用语的含义

1. 兽药通用名

指国家标准、农业部行业标准、地方标准及进口兽药注册的正式品名。

2. 兽药商品名

系指某一兽药产品的专有商品名称。

3. 内包装标签

系指直接接触兽药的包装上的标签。

4. 外包装标签

系指直接接触内包装的外包装上的标签。

5. 兽药最小销售单元

系指直接供上市销售的兽药最小包装。

三、《兽用处方药和非处方药管理办法》（农业部2号令）

于2013年8月1日经农业部第7次常务会议审议通过，自2014年3月1日起施行。

农业部2号令按照《兽药管理条例》确定的分类管理要求，借鉴一些国家和地区监管经验与做法，并结合我国实际，围绕促进兽医合理用药、保障动物产品安全，对兽药生产、经营和使用管理等做出明确规定。根据兽药的安全性和使用风险程度，将兽药分为处方药和非处方药，能减少兽药滥用，促进合理用药，是提高兽药安全使用水平、保障动物产品质量安全的重要措施，是我国兽药使用规范化管理的重要标志，也标志着我国兽药管理模式逐步与国际接轨，对维护公共卫生安全和人类健康具有重大意义。

（一）兽用处方药遴选的五个原则

一是属于国家特殊管制的兽药品种（如安钠咖）；二是对动物产品构成安全隐患，需要严格限制食用动物使用的兽药品种（抗生素）；三是使用方法有特殊要求，必须由兽医根据诊断和临床评价使用的兽药品种（镇静剂）；四是安全范围窄、毒副作用大，使用时需要特别注意的兽药品种；五是其他不适合按照非

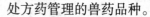

处方药管理的兽药品种。

（二）2号令确立了五项制度

一是兽药分类管理制度。将兽药分为处方药和非处方药。二是兽用处方药和非处方药标识制度。处方药、非处方药须在标签和说明书上分别标注"兽用处方药"、"兽用非处方药"字样。三是兽用处方药经营制度。兽用处方药不得采用开架自选方式销售。兽药经营者对兽用处方药、兽用非处方药应当分区或分柜摆放，并在经营场所显著位置悬挂或者张贴"兽用处方药必须凭注册执业兽医处方购买"的提示语。为节约资源、减少浪费，农业部实行新旧制度过渡政策，对2014年3月1日前生产的兽药产品，在产品有效期内可以继续流通、销售和使用，但列入处方药目录品种的，应按照兽用处方药管理。四是兽医处方权制度。兽用处方药应当凭兽医处方笺方可买卖，兽医处方笺由依法注册的执业兽医按照其注册的执业范围开具。兽医处方笺要保存2年。五是兽用处方药违法行为处罚制度。对违反《办法》有关规定的，明确了适用《兽药管理条例》予以行政处罚的具体条款。

四、特殊兽药使用规定

（一）麻醉剂和精神药物使用规范

1. 兽药安钠咖的临床使用

安钠咖属于国家严格控制管理的精神药品。

（1）临床使用管理。各省、自治区、直辖市畜牧（农牧、农业）厅（局）负责本辖区兽用安钠咖的监督管理工作；并确定省级总经销单位和基层定点经销单位、定点使用单位，负责核发兽用安钠咖注射液经销、使用卡。

（2）临床使用管理制度。兽用安钠咖注射液仅限量供应乡以上畜牧兽医站（个体兽医医疗站除外）、家畜饲养场兽医室以及农业科研教学单位所属的兽医院等兽医医疗单位临床使用。

2. 兽药复方氯胺酮注射液的临床使用

氯胺酮属于一类精神药品。

（二）行政管理

1. 省级兽医行政管理部门职责

（1）指定专人对兽用复方氯胺酮注射液定点生产企业实施监管，定期核查企业生产、检验、仓储、销售情况，核对出入库记录。

（2）配制制剂当天派员对投料实施监控，核对原料药投放记录。

（3）定期核查批生产记录、批检验记录及销售记录、台账。

（4）发现问题责令停止生产、销售，并将问题及时上报农业部。

（5）确定一家省级兽用复方氯胺酮注射液经销单位，分别报农业部、中亚公司备案。

市、县级兽医行政管理部门职责。负责兽用复方氯胺酮注射液使用监管工作。

2. 使用单位责任

（1）必须从复方氯胺酮注射液指定经销单位采购产品，产品仅限自用，不得转手倒买倒卖。

（2）凭兽医处方使用产品。

（3）保存兽医处方，建立使用记录和不良反应记录，定期向县级以上兽医行政管理部门上报使用情况总结，并接受监督管理。

五、兽药停药期规定

农业部第 278 号公告，自 2003 年 5 月 22 日起执行。

六、食品动物禁用的兽药及其化合物清单

农业部于 2002 年以第 193 号公告发布了《食品动物禁用的兽药及其他化合物清单》（全书简称《禁用清单》）。

七、禁止在饲料和动物饮水中使用的药物品种目录

农业部、卫生部、国家药品监督管理局联合发布公告（农业部第 176 号），公布了《禁止在饲料和动物饮用水中使用的药物品种目录》，目录收载了 5 类 40 种禁止在饲料和动物饮用水中使用的药物品种。

（一）肾上腺素受体激动剂

盐酸克仑特罗、沙丁胺醇、硫酸沙丁胺醇、莱克多巴胺、盐酸多巴胺、西巴特罗、硫酸特布他林。

（二）性激素

乙烯雌酚、雌二醇、戊酸雌二醇、苯甲酸雌二醇、氯烯雌醚、炔诺醇、炔诺醚、醋酸氯地孕酮、左炔诺孕酮、炔诺酮、绒毛膜促性腺激素（绒促性素）、促卵泡生长激素（尿促性素主要含卵泡刺激 FSHT 和黄体生成素 LH）。

（三）蛋白同化激素

碘化酪蛋白、苯丙酸诺龙及苯丙酸诺龙注射液。

（四）精神药品

（盐酸）氯丙嗪、盐酸异丙嗪、安定（地西泮）、苯巴比妥、苯巴比妥钠、巴比妥、异戊巴比妥、异戊巴比妥钠、利血平、艾司唑仑、甲丙氨脂、咪达唑仑、硝西泮、奥沙西泮、匹莫林、三唑仑、唑吡旦、其他国家管制的精神药品。

第六节 动物疫病病种名录

一、《一、二、三类动物疫病病种名录》

农业部对原《一、二、三类动物疫病病种名录》（农业部第96号公告）进行了修订，于 2008 年 12 月 11 日重新发布了《一、二、三类动物疫病病种名录》（农业部第 1125 号公告），自发布之日起施行。1999 年发布的农业部第 96 号公告同时废止。

（一）一类动物疫病

一类动物疫病共 17 种，包括口蹄疫、猪水疱病、猪瘟、非洲猪瘟、高致病性猪蓝耳病、非洲马瘟、牛瘟、牛传染性胸膜肺炎、牛海绵状脑病、痒病、蓝舌病、小反刍兽疫、绵羊痘和山羊痘、高致病性禽流感、新城疫、鲤春病毒血症、白斑综合征。

（二）二类动物疫病

二类动物疫病共 77 种，其中多种动物共患病 9 种，包括狂犬病、布鲁氏菌病、炭疽、伪狂犬病、魏氏梭菌病、副结核病、弓形虫病、棘球蚴病、钩端螺旋体病。

（三）三类动物疫病

三类动物疫病共 63 种，其中多种动物共患病 8 种，包括大肠杆菌病、李氏杆菌病、类鼻疽、放线菌病、肝片吸虫病、丝虫病、附红细胞体病、Q 热。

二、《人畜共患传染病名录》

根据《动物防疫法》有关规定，农业部会同卫生部组织制定了《人畜共患传染病名录》（农业部第 1149 号公告），于 2009 年 1 月 19 日发布，自发布之日起施行。

《人畜共患传染病名录》共列举了 26 种人畜共患传染病，分别为：牛海绵状脑病、高致病性禽流感、狂犬病、炭疽、布鲁氏菌病、弓形虫病、棘球蚴病、钩端螺旋体病、沙门氏菌病、牛结核病、日本血吸虫病、猪乙型脑炎、猪Ⅱ型链球菌病、旋毛虫病、猪囊尾蚴病、马鼻疽、野兔热、大肠杆菌病（0157：H7）、李氏杆菌病、类鼻疽、放线菌病、肝片吸虫病、丝虫病、Q热、禽结核病、利什曼病。

三、病死及死因不明动物处置办法

农业部于 2005 年 10 月 21 日发布了《病死及死因不明动物处置办法（试行）》（农医发［2002］25 号）。

病死及死因不明动物禁止性规定：任何单位和个人不得随意处置及出售、转运、加工和食用病死或死因不明动物；不得随意进行解剖；不得擅自到疫区采样、分离病原、进行流行病学调查；不得擅自提供病料和资料。

第七节　微生物安全管理

一、《病原微生物实验室生物安全管理条例》

于 2004 年 11 月 5 日经国务院第 69 次常务会议通过，自 2004 年 11 月 12 日起施行。

（一）病原微生物的分类和管理

1. 病原微生物的分类

（1）第一类病原微生物。指能够引起人类或者动物非常严重疾病的微生物以及我国尚未发现或者已经宣布消灭的微生物。

（2）第二类病原微生物。指能够引起人类或者动物严重疾病，比较容易直接或者间接在人与人、动物与人、动物与动物间传播的微生物。

（3）第三类病原微生物。指能够引起人类或者动物疾病，但一般情况下对人、动物或者环境不构成严重危害，传播风险有限，实验室感染后很少引起严重疾病，并且具备有效治疗和预防措施的微生物。

（4）第四类病原微生物。是指在通常情况下不会引起人类或者动物疾病的微生物。

第一类、第二类病原微生物统称为高致病性病原微生物。

2. 病原微生物的管理

高致病性病原微生物菌（毒）种或者样本在运输、储存中被盗、被抢、丢失、泄漏的，承运单位、护送人、保藏机构应当采取必要的控制措施，并在 2 小时内分别向承运单位的主管部门、护送人所在单位和保藏机构的主管部门报告。

（二）实验室感染控制

兽医医疗机构及其执行职务的医务人员发现由于实验室感染而引起的与高致病性病原微生物相关的传染病病人、疑似传染病病人或者患有疫病、疑似患有疫病的动物，诊治的兽医医疗机构应当在 2 小时内报告所在地的县级人民政府兽医主管部门；接到报告的兽医主管部门应当在 2 小时内通报实验室所在地的县级人民政府兽医主管部门。

二、《动物病原微生物分类名录》

于 2005 年 5 月 13 日经农业部第 10 次常务会议审议通过，自 2005 年 5 月 24 日起施行。

（一）一类动物病原微生物

口蹄疫病毒、高致病性禽流感病毒、猪水疱病病毒、非洲猪瘟病毒、非洲马瘟病毒、牛瘟病毒、小反刍兽疫病毒、牛传染性胸膜肺炎丝状支原体、牛海绵状脑病病原、痒病病原。

（二）二类动物病原微生物

猪瘟病毒、鸡新城疫病毒、狂犬病病毒、绵羊痘（山羊痘）病毒、蓝舌病病毒、兔病毒性出血症病毒、炭疽芽孢杆菌、布鲁氏菌。

（三）三类动物病原微生物

多种动物共患病病原微生物：低致病性流感病毒、伪狂犬病病毒、破伤风梭菌、气肿疽梭菌、结核分支杆菌、副结核分支杆菌、致病性大肠杆菌、沙门氏菌、巴氏杆菌、致病性链球菌、李氏杆菌、产气荚膜梭菌、嗜水气单胞菌、肉毒梭状芽孢杆菌、腐败梭菌和其他致病性梭菌、鹦鹉热衣原体、放线菌、钩端螺旋体

（四）四类动物病原微生物

四类动物病原微生物是指危险性小、低致病力、实验室感染机会少的兽用生物制品、疫苗生产用的各种弱毒病原微生物以及不属于第一、第二、第三类的各种低毒力的病原微生物。

第八节　国际法规

世界动物卫生组织（OIE，是法语的缩写）是有关动物卫生的国际组织，是处理国际动物卫生协作事务的政府间组织，2007年5月25日OIE在巴黎召开的第75届国际大会通过决议，恢复了我国在该组织的合法权利。

附录1 食品动物禁用的兽药及其他化合物清单

序号	兽药及其他化合物名称	禁止用途	禁用动物
1	β-兴奋剂类：克仑特罗 Clenbuterol、沙丁胺醇 Salbutamol、西马特罗 Cimaterol 及其盐、酯及制剂	所有用途	所有食品动物
2	性激素类：己烯雌酚 Diethylstilbestrol 及其盐、酯及制剂	所有用途	所有食品动物
3	具有雌激素样作用的物质：玉米赤霉醇 Zeranol、去甲雄三烯醇酮 Trenbolone、醋酸甲孕酮 Mengestrol，Acetate 及制剂	所有用途	所有食品动物
4	氯霉素 Chloramphenicol 及其盐、酯（包括：琥珀氯霉素 Chloramphenicol Succinate）及制剂	所有用途	所有食品动物
5	氨苯砜 Dapsone 及制剂	所有用途	所有食品动物
6	硝基呋喃类：呋喃唑酮 Furazolidone、呋喃它酮 Furaltadone、呋喃苯烯酸钠 Nifurstyrenate sodium 及制剂	所有用途	所有食品动物
7	硝基化合物：硝基酚钠 Sodium nitrophenolate、硝呋烯腙 Nitrovin 及制剂	所有用途	所有食品动物
8	催眠、镇静类：安眠酮 Methaqualone 及制剂	所有用途	所有食品动物
9	林丹（丙体六六六）Lindane	杀虫剂	所有食品动物
10	毒杀芬（氯化烯）Camahechlor	杀虫剂、清塘剂	所有食品动物
11	呋喃丹（克百威）Carbofuran	杀虫剂	所有食品动物
12	杀虫脒（克死螨）Chlordimeform	杀虫剂	所有食品动物

（续表）

序号	兽药及其他化合物名称	禁止用途	禁用动物
13	双甲脒 Amitraz	杀虫剂	水生食品动物
14	酒石酸锑钾 Antimonypotassiumtartrate	杀虫剂	所有食品动物
15	锥虫胂胺 Tryparsamide	杀虫剂	所有食品动物
16	孔雀石绿 Malachitegreen	抗菌、杀虫剂	所有食品动物
17	五氯酚酸钠 Pentachlorophenolsodium	杀螺剂	所有食品动物
18	各种汞制剂包括：氯化亚汞（甘汞）Calomel，硝酸亚汞 Mercurous nitrate、醋酸汞 Mercurous acetate、吡啶基醋酸汞 Pyridyl mercurous acetate	杀虫剂	所有食品动物
19	性激素类：甲基睾丸酮 Methyltestosterone、丙酸睾酮 Testosterone Propionate、苯丙酸诺龙 Nandrolone Phenylpropionate、苯甲酸雌二醇 Estradiol Benzoate 及其盐、酯及制剂	促生长	所有食品动物
20	催眠、镇静类：氯丙嗪 Chlorpromazine、地西泮（安定）Diazepam 及其盐、酯及制剂	促生长	所有食品动物
21	硝基咪唑类：甲硝唑 Metronidazole、地美硝唑 Dimetronidazole 及其盐、酯及制剂	促生长	所有食品动物

附录 2　兽药地方标准废止目录

类别	名称/组方
禁用兽药	β-兴奋剂类：沙丁胺醇及其盐、酯及制剂硝基呋喃类：呋喃西林、呋喃妥因及其盐、酯及制剂硝基咪唑类：替硝唑及其盐、酯及制剂喹噁啉类：卡巴氧及其盐、酯及制剂抗生素类：万古霉素及其盐、酯及制剂

附录3 禁止在饲料和动物饮用水中使用的药物品种目录

序号	类别	名称/组方
1	肾上腺素受体激动剂	盐酸克仑特罗（Clenbuterol Hydrochloride）：中华人民共和国药典（以下简称药典）2000 年二部 P605。β_2 肾上腺素受体激动药 沙丁胺醇（Salbutamol）：药典 2000 年二部 P316。β_2 肾上腺素受体激动药。硫酸沙丁胺醇（SalbutamolSulfate）：药典 2000 年二部 P870。β_2 肾上腺素受体激动药 莱克多巴胺（Ractopamine）：一种 β 兴奋剂，美国食品和药物管理局（FDA）已批准，中国未批准 盐酸多巴胺（Dopamine Hydrochloride）：药典 2000 年二部 P591。多巴胺受体激动药 西马特罗（Cimaterol）：美国氰胺公司开发的产品，一种 β 兴奋剂，FDA 未批准 硫酸特布他林（Terbutaline Sulfate）：药典 2000 年二部 P890。β_2 肾上腺素受体激动药
2	性激素	己烯雌酚（Diethylstibestrol）：药典 2000 年二部 P42。雌激素类药 雌二醇（Estradiol）：药典 2000 年二部 P1005。雌激素类药 戊酸雌二醇（EstradiolValerate）：药典 2000 年二部 P124。雌激素类药 苯甲酸雌二醇（EstradiolBenzoate）：药典 2000 年二部 P369。雌激素类药 中华人民共和国兽药典（以下简称兽药典）2000 年版一部 P109。雌激素类药 用于发情不明显动物的催情及胎衣滞留、死胎的排除 氯烯雌醚（Chlorotrianisene）药典 2000 年二部 P919 炔诺醇（Ethinylestadiol）药典 2000 年二部 P422 炔诺醚（Quinestrol）药典 2000 年二部 P424 醋酸氯地孕酮（Chlormadinone acetate）药典 2000 年二部 P1037 左炔诺孕酮（Levonorgestrel）药典 2000 年二部 P107 炔诺酮（Norethisterone）药典 2000 年二部 P420 绒毛膜促性腺激素（绒促性素）（Chorionic Gonadotrophin）：药典 2000 年二部 P534。促性腺激素药。兽药典 2000 年版一部 P146。激素类药。用于性功能障碍、习惯性流产及卵巢囊肿等 促卵泡生长激素（尿促性素主要含卵泡刺激 FSHT 和黄体生成素 LH）（Menotropins）：药典 2000 年二部 P321。促性腺激素类药

（续表）

序号	类别	名称/组方
3	蛋白同化激素	碘化酪蛋白（Iodinated Casein）：蛋白同化激素类，为甲状腺素的前驱物质，具有类似甲状腺素的生理作用 苯丙酸诺龙及苯丙酸诺龙注射液（Nandrolone phenylpropionate）药典2000年二部P365
4	精神药品	（盐酸）氯丙嗪（Chlorpromazine Hydrochloride）：药典2000年二部P676。抗精神病药。兽药典2000年版一部P177。镇静药。用于强化麻醉以及使动物安静等 盐酸异丙嗪（Promethazine Hydrochloride）：药典2000年二部P602。抗组胺药。兽药典2000年版一部P164。抗组胺药。用于变态反应性疾病，如荨麻疹、血清病等 安定（地西泮）（Diazepam）：药典2000年二部P214。抗焦虑药、抗惊厥药。兽药典2000年版一部P61。镇静药、抗惊厥药 苯巴比妥（Phenobarbital）：药典2000年二部P362。镇静催眠药、抗惊厥药。兽药典2000年版一部P103。巴比妥类药。缓解脑炎、破伤风、士的宁中毒所致的惊厥 苯巴比妥钠（Phenobarbital Sodium）。兽药典2000年版一部P105。巴比妥类药。缓解脑炎、破伤风、士的宁中毒所致的惊厥 巴比妥（Barbital）：兽药典2000年版一部P27。中枢抑制和增强解热镇痛。异戊巴比妥（Amobarbital）：药典2000年二部P252。催眠药、抗惊厥药 异戊巴比妥钠（Amobarbital Sodium）：兽药典2000年版一部P82。巴比妥类药。用于小动物的镇静、抗惊厥和麻醉 利血平（Reserpine）：药典2000年二部P304。抗高血压药 艾司唑仑（Estazolam） 甲丙氨脂（Meprobamate） 咪达唑仑（Midazolam） 硝西泮（Nitrazepam） 奥沙西泮（Oxazepam） 匹莫林（Pemoline） 三唑仑（Triazolam） 唑吡旦（Zolpidem） 其他国家管制的精神药品
5	各种抗生素滤渣	抗生素滤渣：该类物质是抗生素类产品生产过程中产生的工业三废，因含有微量抗生素成分，在饲料和饲养过程中使用后对动物有一定的促生长作用。但对养殖业的危害很大，一是容易引起耐药性，二是由于未做安全性试验，存在各种安全隐患

参考文献

[1] 张立娟. 村级动物防疫员队伍建设的探讨. 农民致富之友, 下半月, 2013 (05).

[2] 农业部农民科技教育培训中心, 等. 村级动物防疫员实用技术手册. 北京: 中国农业大学出版社, 2009.

[3] 郑建民. 动物防疫实用技术. 兰州: 甘肃科学技术出版社, 2008.

[4] 张钿侯. 对新版《动物防疫条件审查办法》的理解和认识. 浙江畜牧兽医, 2011 (1).

[5] 于清磊. 动物防疫关键技术. 兰州: 甘肃科学技术出版社, 2003.

[6] 王桂枝. 兽医防疫与检疫. 北京: 中国农业出版社, 1998.

[7] 李决. 兽医微生物学及免疫学 (第二版). 成都: 四川科学技术出版社, 2003.

[8] 张秀美. 新编兽医实用手册. 济南: 山东科学技术出版社, 2006.

[9] 陆承平. 兽医微生物学. 北京: 中国农业出版社, 2003.

[10] 胡建和. 动物病原微生物学. 北京: 中国农业科学技术出版社, 2006.

[11] 杨保栓. 动物病理学. 北京: 中国农业大学出版社, 2010.

[12] 李红斌, 等. 乡村兽医培训教材. 北京: 中国科技教育出版社, 2010.

[13] 汪明, 等. 2011 年执业兽医资格考试应试指南. 北京: 中

国农业出版社，2011.

[14] 汪明，等．兽医寄生虫学．北京：中国农业出版社，2003.

[15] 宁长申．畜禽寄生虫病学．北京：中国农业大学出版社，1995.

[16] 中国动物疫病预防控制中心组．村级动物防疫员技能培训教材．2008.

[17] 王志成．村级动物防疫员实用手册．北京：中国农业出版社．2009.

[18] 张京和．动物防疫员．北京：科学普及出版社，2012.

[19] 商业部兽医教材编审委员会．兽医微生物学讲义．北京：财政经济出版社，1957.

[20] 安立龙．家畜环境卫生学．北京：高等教育出版社，2004.

[21] 蔡宝祥．家畜传染病学．北京：中国农业出版社，1998.

[22] 赵广英．野生动物流行病学．哈尔滨：东北林业大学出版社，2000.

[23]《中华人民共和国动物防疫法》释义及实用指南．北京：中国民主法制出版社．2007.

[24] 毕玉霞．动物防疫与检疫技术．北京：化学工业出版社，2009.

[25] 2012 报检员考试学习资料．中华考试网，2012.

[26] 田在滋．动物传染病学．石家庄：河北科学技术出版社，1991.

[27] 徐百万．动物免疫采样与检测技术手册．北京：中国农业出版社，2007.

[28] 孙清莲．畜禽免疫失败的原因及应对措施．现代农业科技，2010（10）．

[29] 董树成，等．畜禽养殖场消毒程序及药物使用．吉林畜牧兽医，2006（10）．

［30］蒋佩英．兽药 GMP 与 GSP 的重要性．湖北畜牧兽
　　　医，2013（4）．

［31］余静贤，等．兽药基础知识．养禽与禽病防治，2004
　　　（9）．

［32］魏锁成．动物保健技术．西北民族大学动物医学研究
　　　所，2011.